4 シリーズ・・・・
数学の世界
野口 廣 監修

社会科学の数学演習
―線形代数と微積分―

沢田　賢
渡邊展也
安原　晃 著

朝倉書店

まえがき

　この演習書は，前書『シリーズ数学の世界 3 社会科学の数学－線形代数と微積分』の問題集として書かれたものである．学習に際して多くの問題を実際に解いてみることは，各自の理解を確認する上で大変有意義なことである．しかしながら『社会科学の数学』では紙面上の制約もあり，十分な例題・問題を与えることができなかった．このことを補うために，この演習書をまとめた．

　内容としては，教科書『社会科学の数学』の内容に関連づけられている．教科書の各章・各節に応じて，まず例題を説明し，その後に類題としていくつかの問題を与え，その問題を解いてゆくという形式にした．そして各章ごとに章末問題を置いている．例題・問題とも単なる計算問題だけでなく，パラメーターの入った場合の計算なども多く取り入れた．また微積分の章では，教科書では取り上げることができなかったいくつかの関数なども紹介している．

　教科書と併せてこの演習書を学習することで，よりよい理解が得られることを願っている．

　終わりに，教科書と同様，本演習書出版のために尽力された朝倉書店編集部の方々に心から感謝の意を表したい．

　2003 年 2 月

著者しるす

目　　次

1. 行　　列 ……………………………………………………… 1
   1.1 行列の定義 …………………………………………… 1
   1.2 行列の演算 …………………………………………… 4
   1.3 ベクトル ……………………………………………… 9
   　　章末問題 …………………………………………… 12

2. 連立1次方程式 ……………………………………………… 14
   2.1 連立1次方程式 ……………………………………… 14
   2.2 行列と連立1次方程式の基本変形 ………………… 16
   2.3 簡約な行列 …………………………………………… 18
   2.4 一般の連立1次方程式の解法 ……………………… 25
   2.5 逆　行　列 …………………………………………… 29
   　　章末問題 …………………………………………… 32

3. 集　　合 ……………………………………………………… 33
   3.1 集　　合 ……………………………………………… 33
   3.2 集合の要素の個数 …………………………………… 35
   　　章末問題 …………………………………………… 36

4. 写像・関数 …………………………………………………… 37
   4.1 写像・関数 …………………………………………… 37
   4.2 関数の演算 …………………………………………… 40

　　　　章末問題 43

5. ベクトル空間 44
5.1　ベクトル空間 44
5.2　1次独立と1次従属 47
5.3　ベクトルの最大独立個数 53
5.4　ベクトル空間の基底と次元 54
　　　章末問題 62

6. 線形写像 64
6.1　線形写像 64
6.2　表現行列 69
6.3　固有値，固有ベクトルと行列の対角化 72
　　　章末問題 77

7. 1変数関数の微分 79
7.1　極限 79
7.2　関数の連続性 81
7.3　微分 83
7.4　関数の極値 87
7.5　関数の近似と微分 89
　　　章末問題 91

8. 多変数関数の微分 92
8.1　n変数関数の微分 92
8.2　方向微分，偏微分 94
　　　章末問題 97

9. 積分 98
9.1　定積分 98

9.2 原始関数 100
  9.3 定積分と原始関数の関係 101
    章末問題 102

問題解答 105

参考文献 151

索　引 153

1

行　列

1.1 行列の定義

m 行 n 列に数が配置された表を ( ) でくくったものを，m 行 n 列の**行列**または $m \times n$ **型行列**という．

例 1.1.1
$$\begin{pmatrix} a_{11} & a_{12} & \cdots & a_{1n} \\ a_{21} & a_{22} & \cdots & a_{2n} \\ \vdots & \vdots & & \vdots \\ a_{m1} & a_{m2} & \cdots & a_{mn} \end{pmatrix}$$

となる．この行列の i 行 j 列に配置された数 a_{ij} を，この行列の (i,j) **成分**という．

いろいろな行列を扱うとき行列に名前を付けておくことは便利である．行列の名前は $A, B, C, \cdots$ などのアルファベットの大文字を使うことにする．もちろん多くの行列を扱わなければならないときは，アルファベットの大文字に添え字を付けて $A_1, A_2, B_1, B_2, \cdots$ 等と表す．また行列に A とか B という名前を付けるとき

$$A = \begin{pmatrix} a_{11} & a_{12} & \cdots & a_{1n} \\ a_{21} & a_{22} & \cdots & a_{2n} \\ \vdots & \vdots & & \vdots \\ a_{m1} & a_{m2} & \cdots & a_{mn} \end{pmatrix}, \quad B = \begin{pmatrix} b_{11} & b_{12} & \cdots & b_{1n} \\ b_{21} & b_{22} & \cdots & b_{2n} \\ \vdots & \vdots & & \vdots \\ b_{m1} & b_{m2} & \cdots & b_{mn} \end{pmatrix}$$

と表す．つまり等号をこのような意味で用いることがある．また，上記の表現を簡単に

$$A = (a_{ij}), \quad A = (a_{ij})_{m \times n}$$

と表すこともある．

定義 1.1.2 2つの行列 A, B の型が等しく，各成分が等しいとき，A と B は等しいといい

$$A = B$$

と表す．

例 1.1.3 (零行列) 各成分がすべて 0 の行列を零行列という．$m \times n$ 型の零行列を，$O_{m \times n}$ と表すが，特に断る必要がないときは単に O と表すことがある．

$$O_{2 \times 3} = \begin{pmatrix} 0 & 0 & 0 \\ 0 & 0 & 0 \end{pmatrix}, \quad O_{3 \times 3} = \begin{pmatrix} 0 & 0 & 0 \\ 0 & 0 & 0 \\ 0 & 0 & 0 \end{pmatrix}$$

例 1.1.4 (正方行列) 行の個数と列の個数が同じ行列，すなわち $n \times n$ 行列を n 次正方行列という．n 次正方行列

$$\begin{pmatrix} a_{11} & a_{12} & \cdots & a_{1n} \\ a_{21} & a_{22} & \cdots & a_{2n} \\ \vdots & \vdots & & \vdots \\ a_{n1} & a_{n2} & \cdots & a_{nn} \end{pmatrix}$$

に対して，$a_{11}, a_{22}, \cdots, a_{nn}$ をこの正方行列の対角成分という．

例 1.1.5 (単位行列) 正方行列で対角成分がすべて 1 で，他の成分がすべて 0 となるものを単位行列といい，$n \times n$ 型の単位行列を E_n と表す．

$$E_2 = \begin{pmatrix} 1 & 0 \\ 0 & 1 \end{pmatrix}, \quad E_3 = \begin{pmatrix} 1 & 0 & 0 \\ 0 & 1 & 0 \\ 0 & 0 & 1 \end{pmatrix}$$

定義 1.1.6 次の式で定義される記号を**クロネッカーのデルタ**という．

$$\begin{cases} \delta_{ij} = 1 & (i = j) \\ \delta_{ij} = 0 & (i \neq j) \end{cases}$$

例 1.1.7 $\delta_{11} = \delta_{22} = \cdots = \delta_{nn} = 1$, $\delta_{12}, \delta_{21}, \cdots, \delta_{36}$ 等は 0．

例 1.1.8 単位行列の (i,j) 成分は δ_{ij} である．すなわち

$$E = (\delta_{ij})$$

例題 1.1.9 3×3 行列 $A = (a_{ij})$ の (i,j) 成分が

$$a_{ij} = \delta_{i+1,j} - \delta_{i,j+1}$$

で表されるとき，行列 A を具体的に表せ．

解答 $i=1, j=1, i=1, j=2$ のとき，というように順番に計算していくと

$$a_{11} = \delta_{1+1,1} - \delta_{1,1+1} = \delta_{2,1} - \delta_{1,2} = 0 - 0 = 0$$

$$a_{12} = \delta_{1+1,2} - \delta_{1,2+1} = \delta_{2,2} - \delta_{1,3} = 1 - 0 = 1$$

$$\vdots$$

これを続けると，

$$\begin{pmatrix} 0 & 1 & 0 \\ -1 & 0 & 1 \\ 0 & -1 & 0 \end{pmatrix}$$

となる． □

問題 1.1.10 3×3 行列 $A = (a_{ij})$ の (i,j) 成分が

$$a_{ij} = (-1)^{i+j} \delta_{i+1,j}$$

で表されるとき，行列 A を具体的に表せ．

1.2 行列の演算

　実数の場合と同様に，行列どうしの演算を定義する．ここで，演算というのは2つの行列または行列と実数から新しい行列を作る操作を意味する．

定義 1.2.1 (行列の和)　同じ型の2つの行列 A, B

$$A = \begin{pmatrix} a_{11} & a_{12} & \cdots & a_{1n} \\ a_{21} & a_{22} & \cdots & a_{2n} \\ \vdots & \vdots & & \vdots \\ a_{m1} & a_{m2} & \cdots & a_{mn} \end{pmatrix}, \quad B = \begin{pmatrix} b_{11} & b_{12} & \cdots & b_{1n} \\ b_{21} & b_{22} & \cdots & b_{2n} \\ \vdots & \vdots & & \vdots \\ b_{m1} & a_{m2} & \cdots & b_{mn} \end{pmatrix}$$

に対し A と B の和を，

$$\begin{pmatrix} a_{11}+b_{11} & a_{12}+b_{12} & \cdots & a_{1n}+b_{1n} \\ a_{21}+b_{21} & a_{22}+b_{22} & \cdots & a_{2n}+b_{2n} \\ \vdots & \vdots & & \vdots \\ a_{m1}+b_{m1} & a_{m2}+b_{m2} & \cdots & a_{mn}+b_{mn} \end{pmatrix}$$

と定義し，$A+B$ と表す．

例 1.2.2

$$\begin{pmatrix} 1 & 0 & 1 \\ 1 & 2 & 3 \end{pmatrix} + \begin{pmatrix} -1 & 0 & 1 \\ 1 & -2 & 3 \end{pmatrix} = \begin{pmatrix} 0 & 0 & 2 \\ 2 & 0 & 6 \end{pmatrix}$$

定義 1.2.3 (行列の実数倍)　実数 λ と行列

$$A = \begin{pmatrix} a_{11} & a_{12} & \cdots & a_{1n} \\ a_{21} & a_{22} & \cdots & a_{2n} \\ \vdots & \vdots & & \vdots \\ a_{m1} & a_{m2} & \cdots & a_{mn} \end{pmatrix}$$

に対し，A の λ 倍を，

$$\begin{pmatrix} \lambda a_{11} & \lambda a_{12} & \cdots & \lambda a_{1n} \\ \lambda a_{21} & \lambda a_{22} & \cdots & \lambda a_{2n} \\ \vdots & \vdots & & \vdots \\ \lambda a_{m1} & \lambda a_{m2} & \cdots & \lambda a_{mn} \end{pmatrix}$$

と定義し，λA と表す．

例 1.2.4

$$(-3) \begin{pmatrix} 2 & 1 \\ 1 & 1 \end{pmatrix} = \begin{pmatrix} -6 & -3 \\ -3 & -3 \end{pmatrix}$$

定義 1.2.5（行列の積） $m \times l$ 行列と $l \times n$ 行列

$$A = \begin{pmatrix} a_{11} & a_{12} & \cdots & a_{1l} \\ a_{21} & a_{22} & \cdots & a_{2l} \\ \vdots & \vdots & & \vdots \\ a_{m1} & a_{m2} & \cdots & a_{ml} \end{pmatrix}, \quad B = \begin{pmatrix} b_{11} & b_{12} & \cdots & b_{1n} \\ b_{21} & b_{22} & \cdots & b_{2n} \\ \vdots & \vdots & & \vdots \\ b_{l1} & b_{l2} & \cdots & b_{ln} \end{pmatrix}$$

に対し，(i,j) 成分が

$$a_{i1}b_{1j} + a_{i2}b_{2j} + \cdots + a_{il}b_{lj}$$

で定義される $m \times n$ を，行列 A と行列 B の積といい AB と表す．

この定義式は一見複雑に見えるが，これは行列 A の i 行

$$\begin{pmatrix} a_{i1} & a_{i2} & \cdots & a_{in} \end{pmatrix}$$

の 1 列成分 a_{i1}, 2 列成分 a_{i2}, $\cdots$, n 列成分 a_{in} と

行列 B の j 列

$$\begin{pmatrix} b_{1j} \\ b_{2j} \\ \vdots \\ b_{nj} \end{pmatrix}$$

の 1 行成分 b_{1j}, 2 行成分 b_{2j}, n 行成分 b_{nj} をそれぞれ掛けたものをすべて加えた形である.

例題 1.2.6

(1) $\begin{pmatrix} 1 & 0 & 7 & 2 \\ 2 & -2 & 4 & 5 \\ -1 & -2 & 0 & 3 \end{pmatrix} \begin{pmatrix} 2 & 0 \\ 1 & -2 \\ 3 & 5 \\ 9 & 1 \end{pmatrix}$

(2) $\begin{pmatrix} 1 & 0 & 7 \\ -2 & 4 & 5 \end{pmatrix} \left\{ \begin{pmatrix} 1 & 0 & 2 \\ 2 & -4 & 5 \\ 2 & 5 & 3 \end{pmatrix} - 3 \begin{pmatrix} 2 & 2 & 3 \\ -2 & 3 & 1 \\ 6 & 3 & 9 \end{pmatrix} \right\}$

解答 (1) 2 つの行列は 3×4 行列と 4×2 行列との積なので, 結果は 3×2 行列となる.

積の 1×1 成分は, $\begin{pmatrix} 1 & 0 & 7 & 2 \\ 2 & -2 & 4 & 5 \\ -1 & -2 & 0 & 3 \end{pmatrix}$ の第 1 行 $(1\ 0\ 7\ 2)$ と $\begin{pmatrix} 2 & 0 \\ 1 & -2 \\ 3 & 5 \\ 9 & 1 \end{pmatrix}$

の第 1 列 $\begin{pmatrix} 2 \\ 1 \\ 3 \\ 9 \end{pmatrix}$ から計算され, その結果は

$$1 \cdot 2 + 0 \cdot 1 + 7 \cdot 3 + 2 \cdot 9 = 41$$

である．同様に

$$(1,2) \text{成分} = 1 \cdot 0 + 0 \cdot -2 + 7 \cdot 5 + 2 \cdot 1 = 37$$

$$(2,1) \text{成分} = 2 \cdot 2 + -2 \cdot 1 + 4 \cdot 3 + 5 \cdot 9 = 59$$

$$(2,2) \text{成分} = 2 \cdot 0 + -2 \cdot -2 + 4 \cdot 5 + 5 \cdot 1 = 29$$

$$(3,1) \text{成分} = -1 \cdot 2 + -2 \cdot 1 + 0 \cdot 3 + 3 \cdot 9 = 23$$

$$(3,2) \text{成分} = -1 \cdot 0 + -2 \cdot -2 + 0 \cdot 5 + 3 \cdot 1 = 7$$

となるので，その積は

$$\begin{pmatrix} 41 & 37 \\ 59 & 29 \\ 23 & 7 \end{pmatrix}$$

(2) まず括弧の中を計算して

$$\left\{ \begin{pmatrix} 1 & 0 & 2 \\ 2 & -4 & 5 \\ 2 & 5 & 3 \end{pmatrix} - 3 \begin{pmatrix} 2 & 2 & 3 \\ -2 & 3 & 1 \\ 6 & 3 & 9 \end{pmatrix} \right\}$$

$$= \begin{pmatrix} 1 & 0 & 2 \\ 2 & -4 & 5 \\ 2 & 5 & 3 \end{pmatrix} - \begin{pmatrix} 6 & 6 & 9 \\ -6 & 9 & 3 \\ 18 & 9 & 27 \end{pmatrix} = \begin{pmatrix} -5 & -6 & -7 \\ 8 & -13 & 2 \\ -16 & -4 & -24 \end{pmatrix}$$

となる．そして積を (1) と同様に計算すると

$$\begin{pmatrix} -117 & -34 & -175 \\ -38 & -60 & -98 \end{pmatrix}$$

□

問題 1.2.7 次の計算をせよ.

(1) $(2\ 0\ 3)\begin{pmatrix} 1 \\ 2 \\ -1 \end{pmatrix}$ (2) $\begin{pmatrix} 1 \\ 2 \\ -1 \end{pmatrix}(2\ 0\ 3) - 2\begin{pmatrix} 1 & 4 & 3 \\ 5 & 1 & -1 \\ 3 & -2 & 8 \end{pmatrix}$

(3) $\begin{pmatrix} 1 & 1 & 1 \\ 0 & 1 & 1 \\ 0 & 0 & 1 \end{pmatrix}\begin{pmatrix} 1 & 0 & 0 & 1 & 1 & 1 \\ 1 & 1 & 0 & 0 & 1 & 1 \\ 1 & 1 & 1 & 0 & 0 & 1 \end{pmatrix}$

定義 1.2.8 A が正方行列のとき, n 個の A の積 $AA\cdots A$ が定義できて, その積を A^n と表す.

例題 1.2.9 次の行列 A に対し, A^2, A^3, A^n を計算せよ.

(1) $\begin{pmatrix} 0 & 1 & 3 \\ 0 & 0 & 1 \\ 0 & 0 & 0 \end{pmatrix}$ (2) $\begin{pmatrix} 0 & 1 & 0 \\ 0 & 0 & 1 \\ 1 & 0 & 0 \end{pmatrix}$

解答 (1) まず $n = 2, 3$ のときを計算すると

$$A^2 = \begin{pmatrix} 0 & 1 & 3 \\ 0 & 0 & 1 \\ 0 & 0 & 0 \end{pmatrix}\begin{pmatrix} 0 & 1 & 3 \\ 0 & 0 & 1 \\ 0 & 0 & 0 \end{pmatrix} = \begin{pmatrix} 0 & 0 & 1 \\ 0 & 0 & 0 \\ 0 & 0 & 0 \end{pmatrix}$$

$$A^3 = A^2 A = \begin{pmatrix} 0 & 0 & 1 \\ 0 & 0 & 0 \\ 0 & 0 & 0 \end{pmatrix}\begin{pmatrix} 0 & 1 & 3 \\ 0 & 0 & 1 \\ 0 & 0 & 0 \end{pmatrix} = \begin{pmatrix} 0 & 0 & 0 \\ 0 & 0 & 0 \\ 0 & 0 & 0 \end{pmatrix} = O$$

となる. したがって $n \geq 4$ のとき,

$$A^n = A^3 A^{n-3} = O A^{n-3} = O$$

である.

(2) 同様に $n=2,3$ のときを計算すると

$$A^2 = \begin{pmatrix} 0 & 1 & 0 \\ 0 & 0 & 1 \\ 1 & 0 & 0 \end{pmatrix} \begin{pmatrix} 0 & 1 & 0 \\ 0 & 0 & 1 \\ 1 & 0 & 0 \end{pmatrix} = \begin{pmatrix} 0 & 0 & 1 \\ 1 & 0 & 0 \\ 0 & 1 & 0 \end{pmatrix}$$

$$A^3 = A^2 A = \begin{pmatrix} 0 & 0 & 1 \\ 1 & 0 & 0 \\ 0 & 1 & 0 \end{pmatrix} \begin{pmatrix} 0 & 1 & 0 \\ 0 & 0 & 1 \\ 1 & 0 & 0 \end{pmatrix} = \begin{pmatrix} 1 & 0 & 0 \\ 0 & 1 & 0 \\ 0 & 0 & 1 \end{pmatrix} = E$$

となる. また

$$A^4 = A^3 A = EA = A, \quad A^5 = A^3 A^2 = EA^2 = A^2, \quad A^6 = A^3 A^3 = EE = E$$

であるので, 3 つの行列が繰り返し現れる. つまり

$$n = 3k \text{ のとき}, \ A^{3k} = A^3 A^3 \cdots A^3 = EE \cdots E = E$$

$$n = 3k+1 \text{ のとき}, \ A^{3k+1} = A^{3k} A = EA = A$$

$$n = 3k+2 \text{ のとき}, \ A^{3k+2} = A^{3k} A^2 = EA^2 = A^2$$

となる. □

問題 1.2.10 次の行列 A に対し, A^n を求めよ.

(1) $\begin{pmatrix} a & 0 & 0 \\ 0 & b & 0 \\ 0 & 0 & c \end{pmatrix}$ (2) $\begin{pmatrix} 1 & 0 & 0 \\ 0 & 0 & 1 \\ 0 & -1 & 0 \end{pmatrix}$

1.3 ベクトル

定義 1.3.1 (行ベクトル, 列ベクトル) 1 行のみからなる行列, また 1 列のみからなる行列すなわち, $1 \times n$ 行列と $m \times 1$ 行列をそれぞれ, **行ベクトル**,

列ベクトルと呼ぶ．特にその大きさを表現したいときは，n 次行ベクトル，m 次列ベクトルという．これらのベクトルを表すときは，アルファベットの小文字の太字

$$\boldsymbol{a},\ \boldsymbol{b},\ \boldsymbol{x},\ \boldsymbol{y},\ \boldsymbol{a}_1,\ \boldsymbol{a}_2, \cdots$$

を用いる．またすべての成分が 0 であるベクトルを**零ベクトル**と呼び **0** で表すことにする．

行列の行ベクトル・列ベクトルへの分割

行列を扱うとき，行ベクトルまたは列ベクトルを用いて行列を表現することがある．

例 1.3.2

$$\boldsymbol{a}_1 = \begin{pmatrix} 1 \\ 3 \\ 1 \end{pmatrix},\quad \boldsymbol{a}_2 = \begin{pmatrix} 0 \\ 1 \\ 1 \end{pmatrix},\quad \boldsymbol{a}_3 = \begin{pmatrix} -2 \\ 2 \\ 2 \end{pmatrix}$$

とする．

$$A = (\boldsymbol{a}_1\ \ \boldsymbol{a}_2\ \ \boldsymbol{a}_3)$$

と表すとき，行列 A は

$$A = \begin{pmatrix} 1 & 0 & -2 \\ 3 & 1 & 2 \\ 1 & 1 & 2 \end{pmatrix}$$

を意味する．

例題 1.3.3 行列 A が n 個の m 次列ベクトルにより，

$$A = (\boldsymbol{a}_1\ \ \boldsymbol{a}_2\ \ \cdots\ \ \boldsymbol{a}_n)$$

と表されているとき

$$A\begin{pmatrix} x_1 \\ x_2 \\ \vdots \\ x_n \end{pmatrix} = x_1 \boldsymbol{a}_1 + x_2 \boldsymbol{a}_2 + \cdots + x_n \boldsymbol{a}_n$$

となることを示せ．

解答 いま各列ベクトルを

$$\boldsymbol{a}_1 = \begin{pmatrix} a_{11} \\ a_{21} \\ \vdots \\ a_{n1} \end{pmatrix}, \quad \boldsymbol{a}_2 = \begin{pmatrix} a_{12} \\ a_{22} \\ \vdots \\ a_{m2} \end{pmatrix}, \quad \cdots, \quad \boldsymbol{a}_n = \begin{pmatrix} a_{1n} \\ a_{2n} \\ \vdots \\ a_{mn} \end{pmatrix}$$

とすると，

$$A = \begin{pmatrix} a_{11} & a_{12} & \cdots & a_{1n} \\ a_{21} & a_{22} & \cdots & a_{2n} \\ \vdots & \vdots & & \vdots \\ a_{m1} & a_{m2} & \cdots & a_{mn} \end{pmatrix}$$

であるので，次を得る．

$$A\begin{pmatrix} x_1 \\ x_2 \\ \vdots \\ x_n \end{pmatrix} = \begin{pmatrix} a_{11} & a_{12} & \cdots & a_{1n} \\ a_{21} & a_{22} & \cdots & a_{2n} \\ \vdots & \vdots & & \vdots \\ a_{m1} & a_{m2} & \cdots & a_{mn} \end{pmatrix} \begin{pmatrix} x_1 \\ x_2 \\ \vdots \\ x_n \end{pmatrix}$$

$$= \begin{pmatrix} a_{11}x_1 + a_{12}x_2 + \cdots + a_{1n}x_n \\ a_{21}x_1 + a_{22}x_2 + \cdots + a_{2n}x_n \\ \vdots \\ a_{m1}x_1 + a_{m2}x_2 + \cdots + a_{mn}x_n \end{pmatrix}$$

$$= x_1 \begin{pmatrix} a_{11} \\ a_{21} \\ \vdots \\ a_{m1} \end{pmatrix} + x_2 \begin{pmatrix} a_{12} \\ a_{22} \\ \vdots \\ a_{m2} \end{pmatrix} + \cdots + x_n \begin{pmatrix} a_{1n} \\ a_{2n} \\ \vdots \\ a_{mn} \end{pmatrix}$$

$$= x_1 \boldsymbol{a}_1 + x_2 \boldsymbol{a}_2 + \cdots + x_n \boldsymbol{a}_n$$

となる． □

章 末 問 題

1.1 次の計算をせよ．

(1) $\begin{pmatrix} 3 & 0 \\ 0 & 1 \\ -1 & 0 \end{pmatrix} \begin{pmatrix} 1 & -2 \\ -3 & 1 \end{pmatrix} \begin{pmatrix} 1 & 2 & 3 \\ -4 & 1 & -1 \end{pmatrix}$

(2) $(x \ y \ z) \begin{pmatrix} a & b & c \\ e & f & g \\ h & i & j \end{pmatrix} \begin{pmatrix} x \\ y \\ z \end{pmatrix}$

1.2 次の行列の (i, j) 成分をクロネッカーのデルタを用いて表せ．

(1) $\begin{pmatrix} 1 & 0 & 1 \\ 0 & 1 & 0 \\ 1 & 0 & 1 \end{pmatrix}$ (2) $\begin{pmatrix} 0 & 1 & 0 \\ 1 & 0 & 1 \\ 0 & 1 & 0 \end{pmatrix}$

1.3 次の式が成り立っているとき，行列 X を行列 A, B で表せ．

$$4(X - 2A) = -(X + 3B)$$

1.4 次の行列

$$X^2 = \begin{pmatrix} 1 & 0 \\ 0 & 1 \end{pmatrix}$$

を満たす行列 $X = \begin{pmatrix} a & b \\ c & d \end{pmatrix}$ (ただし $a+d \neq 0$) をすべて求めよ．

1.5 次の行列 A に対し，A^n を求めよ．

(1) $\begin{pmatrix} 1 & 1 & 0 \\ 0 & 1 & 1 \\ 0 & 0 & 1 \end{pmatrix}$ (2) $\begin{pmatrix} 2 & 0 & 0 \\ 0 & -1/2 & \sqrt{3}/2 \\ 0 & -\sqrt{3}/2 & -1/2 \end{pmatrix}$

2

連立1次方程式

2.1　連立1次方程式

連立1次方程式

$$\begin{cases} a_{11}x_1 + a_{12}x_2 + \cdots + a_{1n}x_n = b_1 \\ a_{21}x_1 + a_{22}x_2 + \cdots + a_{2n}x_n = b_2 \\ \quad\quad\quad\quad\quad\quad \vdots \\ a_{m1}x_1 + a_{m2}x_2 + \cdots + a_{mn}x_n = b_m \end{cases}$$

は，いろいろな表現を用いて表される．まず行列およびベクトルを用いて

$$\begin{pmatrix} a_{11} & a_{12} & \cdots & a_{1n} \\ a_{21} & a_{22} & \cdots & a_{2n} \\ \vdots & \vdots & & \vdots \\ a_{m1} & a_{m2} & \cdots & a_{mn} \end{pmatrix} \begin{pmatrix} x_1 \\ x_2 \\ \vdots \\ x_n \end{pmatrix} = \begin{pmatrix} b_1 \\ b_2 \\ \vdots \\ b_m \end{pmatrix}$$

また，ベクトルのみを用いて

$$x_1 \begin{pmatrix} a_{11} \\ a_{21} \\ \vdots \\ a_{m1} \end{pmatrix} + x_2 \begin{pmatrix} a_{12} \\ a_{22} \\ \vdots \\ a_{m2} \end{pmatrix} + \cdots + x_n \begin{pmatrix} a_{1n} \\ a_{2n} \\ \vdots \\ a_{mn} \end{pmatrix} = \begin{pmatrix} b_1 \\ b_2 \\ \vdots \\ b_m \end{pmatrix}$$

等と表すことができる．このとき行列およびベクトル

$$\begin{pmatrix} a_{11} & a_{12} & \cdots & a_{1n} \\ a_{21} & a_{22} & \cdots & a_{2n} \\ \vdots & \vdots & & \vdots \\ a_{m1} & a_{m2} & \cdots & a_{mn} \end{pmatrix}, \begin{pmatrix} b_1 \\ b_2 \\ \vdots \\ b_m \end{pmatrix}$$

をこの連立 1 次方程式の**係数行列**および**定数項ベクトル**という．この係数行列の右側に定数項ベクトルを並べた行列

$$\left(\begin{array}{cccc|c} a_{11} & a_{12} & \cdots & a_{1n} & b_1 \\ a_{21} & a_{22} & \cdots & a_{2n} & b_2 \\ \vdots & \vdots & & \vdots & \vdots \\ a_{m1} & a_{m2} & \cdots & a_{mn} & b_m \end{array} \right)$$

を連立 1 次方程式の**拡大係数行列**という．

連立方程式を一般的に扱うとき，各行列，ベクトルに名前を付けて (文字で表す) 簡単に表すこともある．例えば，

$$A\boldsymbol{x} = \boldsymbol{b}$$

$$x_1 \boldsymbol{a}_1 + x_2 \boldsymbol{a}_2 + \cdots + x_n \boldsymbol{a}_n = \boldsymbol{b}$$

例題 2.1.1 次の連立 1 次方程式の係数行列，拡大係数行列を求めよ．またこの連立 1 次方程式をいろいろな表現で表せ．

$$\begin{cases} x_1 + 2x_2 + 3x_3 + 3x_4 = 3 \\ x_1 + 2x_2 \phantom{{}+3x_3} + 3x_4 = 1 \\ x_1 \phantom{{}+2x_2} + x_3 + x_4 = 3 \end{cases}$$

解答 係数行列，拡大係数行列は，それぞれ

$$\begin{pmatrix} 1 & 2 & 3 & 3 \\ 1 & 2 & 0 & 1 \\ 1 & 0 & 1 & 3 \end{pmatrix}, \quad \left(\begin{array}{cccc|c} 1 & 2 & 3 & 3 & 3 \\ 1 & 2 & 0 & 3 & 1 \\ 1 & 0 & 1 & 1 & 3 \end{array}\right)$$

(表現 1) $\begin{pmatrix} 1 & 2 & 3 & 3 \\ 1 & 2 & 0 & 3 \\ 1 & 0 & 1 & 1 \end{pmatrix} \begin{pmatrix} x_1 \\ x_2 \\ x_3 \\ x_4 \end{pmatrix} = \begin{pmatrix} 3 \\ 1 \\ 3 \end{pmatrix}$

(表現 2) $x_1 \begin{pmatrix} 1 \\ 1 \\ 1 \end{pmatrix} + x_2 \begin{pmatrix} 2 \\ 2 \\ 0 \end{pmatrix} + x_3 \begin{pmatrix} 3 \\ 0 \\ 1 \end{pmatrix} + x_4 \begin{pmatrix} 3 \\ 3 \\ 1 \end{pmatrix} = \begin{pmatrix} 3 \\ 1 \\ 3 \end{pmatrix}$ □

問題 2.1.2 次の連立 1 次方程式の係数行列および拡大係数行列を求めよ．またこの連立 1 次方程式をいろいろな表現で表せ．

(1) $\begin{cases} 2x_1 - x_2 + 3x_3 = 2 \\ x_1 + 2x_2 + x_3 = 1 \end{cases}$ (2) $\begin{cases} x_1 + x_2 + x_3 + x_4 = 2 \\ 2x_1 + 3x_2 + 2x_3 + 4x_4 = 5 \\ -2x_2 + x_3 + x_4 = 1 \\ x_1 + x_2 + x_3 = 1 \end{cases}$

2.2 行列と連立 1 次方程式の基本変形

連立 1 次方程式を次に述べる式に関する 3 つの変形を用いて，解を得やすい形に変形する．もちろんこれらの変形は解を変えない．

定義 2.2.1 (式の基本変形)
 (I) 1 つの式を何倍かする (ただし 0 倍はしない)
 (II) 2 つの式を入れ替える
 (III) 1 つの式に，他の式を何倍かしたものを加える

2.2 行列と連立1次方程式の基本変形

連立1次方程式に対して式の変形を行うということは，その拡大係数行列に対し次の行に関する変形を行うことと同じで，以後この拡大係数行列を変形することにより連立1次方程式の変形を行う．

定義 2.2.2 (行に関する行列の基本変形)
 (I) 1つの行を何倍かする (ただし 0 倍はしない)
 (II) 2つの行を入れ替える
(III) 1つの行に，他の行を何倍かしたものを加える

例題 2.2.3 次の連立1次方程式を掃き出し法で解け．

$$\begin{cases} x_1 - 2x_2 + x_3 = 1 \\ x_2 + 2x_3 = 1 \\ 3x_2 - 4x_3 = 23 \end{cases}$$

解答 拡大係数行列を変形して，

$$\begin{pmatrix} 1 & -2 & 1 & | & 1 \\ 0 & 1 & 2 & | & 1 \\ 0 & 3 & -4 & | & 23 \end{pmatrix}$$

↓ 1行に2行を2倍したものを加える
↓ 3行に2行を (−3) 倍したものを加える

$$\begin{pmatrix} 1 & 0 & 5 & | & 3 \\ 0 & 1 & 2 & | & 1 \\ 0 & 0 & -10 & | & 20 \end{pmatrix}$$

↓ 3行に $\left(-\dfrac{1}{10}\right)$ を掛ける

$$\begin{pmatrix} 1 & 0 & 5 & | & 3 \\ 0 & 1 & 2 & | & 1 \\ 0 & 0 & 1 & | & -2 \end{pmatrix}$$

↓ 1 行に 3 行を (−5) 倍したものを加える
↓ 2 行に 3 行を (−2) 倍したものを加える

$$\begin{pmatrix} 1 & 0 & 0 & | & 15 \\ 0 & 1 & 0 & | & 5 \\ 0 & 0 & 1 & | & -2 \end{pmatrix}$$

となる．この拡大係数行列が表す連立 1 次方程式は

$$\begin{cases} x_1 = 15 \\ x_2 = 5 \\ x_3 = -2 \end{cases}$$

で，よって，解はただ 1 組 $x_1 = 15$, $x_2 = 5$, $x_3 = -2$ である． □

このように，3 つの基本変形を用い解の得やすい形の連立 1 次方程式の求める方法を**掃き出し法**という．

問題 2.2.4 次の連立 1 次方程式を掃き出し法で解け．

(1) $\begin{cases} 2x_1 + x_2 + x_3 = 9 \\ 3x_1 + 5x_2 + x_3 = 25 \\ x_1 + 4x_2 + 5x_3 = 6 \end{cases}$
(2) $\begin{cases} x_1 + x_2 + 2x_3 + 3x_4 = 1 \\ 2x_1 + 3x_2 + 5x_3 + 2x_4 = -3 \\ 3x_1 - x_2 - x_3 - 2x_4 = -4 \\ 3x_1 + 5x_2 + 2x_3 - 2x_4 = -10 \end{cases}$

2.3 簡 約 な 行 列

定義 2.3.1 (行列の主成分)　零ベクトルでない行ベクトルにおいて，0 でな

い成分のうち1番左にあるのを，その行の**主成分**という．

定義 2.3.2 (簡約な行列)　次の4つの条件を満たす行列を**簡約な行列**という．
1) 行の中に零ベクトルであるときは，零ベクトルでない行より下にある．
2) 主成分は1である．
3)
   - 第1行の主成分がおかれている列の番号を j_1
   - 第2行の主成分がおかれている列の番号を j_2
   - $\cdots$

   とするとき，$j_1 < j_2 < \cdots$ となっていること．
4) 各行の主成分を含む列において，主成分以外の成分はすべて0である．

注意　条件3) は，各行の主成分の配置を規定している．第1行，第2行，$\cdots$ と主成分の位置を見てゆくとき，主成分の位置は右にずれていくことを意味している (何列ずれるかは問題にしない)．

例 2.3.3　単位行列および零行列は簡約な行列であることは，すぐわかる．

例 2.3.4 (簡約でない行列の例)

$$(1)\begin{pmatrix} 0 & 0 & 0 & 0 \\ 1 & 0 & 1 & 2 \\ 0 & 1 & 3 & -2 \end{pmatrix} \qquad (2)\begin{pmatrix} 1 & 0 & 0 & 0 & 0 \\ 1 & 0 & 1 & 2 & 3 \\ 0 & 1 & 3 & -2 & 0 \\ 0 & 0 & 0 & 0 & 0 \end{pmatrix}$$

例題 2.3.5　次の行列は簡約な行列かどうかを調べよ．

$$(1)\begin{pmatrix} 0 & 0 & 1 & 2 \\ 0 & 1 & 3 & -2 \\ 1 & 0 & 0 & 0 \end{pmatrix} \qquad (2)\begin{pmatrix} 1 & 0 & 1 & 0 \\ 0 & 1 & 3 & 0 \\ 0 & 0 & 0 & 1 \\ 0 & 0 & 0 & 0 \end{pmatrix}$$

$$(3) \begin{pmatrix} 0 & 2 & 2 & 0 & 3 \\ 0 & 0 & 0 & 0 & 0 \\ 0 & 0 & 0 & 1 & -1 \\ 0 & 0 & 0 & 0 & 0 \end{pmatrix}$$

解答 (1) 第3行の主成分が1番左にあるので条件の3)を満たさない. したがって,簡約な行列ではない. (2) これは簡約な行列である. (3) まず第1行の主成分が1でないので条件2)を満たさないし,第2行が零ベクトルとなっていて,これも条件1)を満たさないので,簡約な行列ではない. □

例題 2.3.6 上の例 2.3.4 の行列に何回かの基本変形を繰り返し行うことにより簡約な行列に変形せよ.

(1)について,

$$\begin{pmatrix} 0 & 0 & 0 & 0 \\ 1 & 0 & 1 & 2 \\ 0 & 1 & 3 & -2 \end{pmatrix}$$

↓ 1行と2行を入れ替えて
↓ 2行と3行を入れ替えて

$$\begin{pmatrix} 1 & 0 & 1 & 2 \\ 0 & 1 & 3 & -2 \\ 0 & 0 & 0 & 0 \end{pmatrix}$$

(3)について

$$\begin{pmatrix} 1 & 0 & 0 & 0 & 0 \\ 1 & 0 & 1 & 2 & 3 \\ 0 & 1 & 3 & -2 & 0 \\ 0 & 0 & 0 & 0 & 0 \end{pmatrix}$$

2.3 簡約な行列

↓ 2行に1行の(−1)倍を加える

$$\begin{pmatrix} 1 & 0 & 0 & 0 & 0 \\ 0 & 0 & 1 & 2 & 3 \\ 0 & 1 & 3 & -2 & 0 \\ 0 & 0 & 0 & 0 & 0 \end{pmatrix}$$

↓ 2行と3行を入れ替える

$$\begin{pmatrix} 1 & 0 & 0 & 0 & 0 \\ 0 & 1 & 3 & -2 & 0 \\ 0 & 0 & 1 & 2 & 3 \\ 0 & 0 & 0 & 0 & 0 \end{pmatrix}$$

↓ 2行に3行の(−3)倍を加える

$$\begin{pmatrix} 1 & 0 & 0 & 0 & 0 \\ 0 & 1 & 0 & -8 & -9 \\ 0 & 0 & 1 & 2 & 3 \\ 0 & 0 & 0 & 0 & 0 \end{pmatrix}$$

□

問題 2.3.7 例題 2.3.5 の行列 (1), (3) を，基本変形を繰り返し行うことにより簡約な行列に変形せよ．

一般の行列についても次の定理が成り立つ．

定理 2.3.8 どんな行列も基本変形を繰り返し行うことにより簡約な行列に変形できる．また，このとき変形の方法はいろいろあるけれど，出来上がった簡約な行列はただ1つに決まる．

行列 A に基本変形を繰り返して簡約な行列を求めることを，**行列 A を簡約化する**という．その結果としてできる簡約な行列を**行列 A の簡約行列**という．

定義 2.3.9 (行列の階数) 行列 A の簡約行列の中にある零ベクトルでない行

の個数を行列 A の**階数**といい，rank(A) と表す．

例題 2.3.10 次の行列を簡約化し，階数を求めよ．
$$\begin{pmatrix} 0 & 3 & 3 & 6 & 0 \\ 1 & -2 & -1 & -4 & 1 \\ 2 & -1 & 1 & -1 & 2 \end{pmatrix}$$

解答

$$\begin{pmatrix} 0 & 3 & 3 & 6 & 0 \\ 1 & -2 & -1 & -4 & 1 \\ 2 & -1 & 1 & -1 & 2 \end{pmatrix} \to \begin{pmatrix} 1 & -2 & -1 & -4 & 1 \\ 0 & 3 & 3 & 6 & 0 \\ 2 & -1 & 1 & -1 & 2 \end{pmatrix}$$

$$\to \begin{pmatrix} 1 & -2 & -1 & -4 & 1 \\ 0 & 3 & 3 & 6 & 0 \\ 0 & 3 & 3 & 6 & 0 \end{pmatrix} \to \begin{pmatrix} 1 & -2 & -1 & -4 & 1 \\ 0 & 1 & 1 & 2 & 0 \\ 0 & 3 & 3 & 6 & 0 \end{pmatrix}$$

$$\to \begin{pmatrix} 1 & 0 & 1 & 0 & 1 \\ 0 & 1 & 1 & 2 & 0 \\ 0 & 0 & 0 & 0 & 0 \end{pmatrix}$$

となるので，階数は 2 である． □

例題 2.3.11 次の行列を簡約化し，階数を求めよ．
$$\begin{pmatrix} 1 & 1 & 1 & 1 \\ 1 & \lambda & 1 & 1 \\ 2 & 2 & 2 & \lambda \end{pmatrix}$$

解答 この行列のなかに文字 λ が使われている．これはこの行列の簡約化を

2.3 簡約な行列

いろいろな行列で行うのと同じで，したがっていろいろな場合が起こることが予想される．とりあえず簡約化してみる．

$$\begin{pmatrix} 1 & 1 & 1 & 1 \\ 1 & \lambda & 1 & 1 \\ 2 & 2 & 2 & \lambda \end{pmatrix} \rightarrow \begin{pmatrix} 1 & 1 & 1 & 1 \\ 0 & \lambda-1 & 0 & 0 \\ 0 & 0 & 0 & \lambda-2 \end{pmatrix}$$

ここで，第2行の主成分を1にするために第2行を $(\lambda-1)$ で割りたい．その操作ができるのは $\lambda \neq 1$ のときで，したがって2つの場合を考えなければならない．

(i) $\lambda = 1$, 　　(ii) $\lambda \neq 1$

(i) のとき行列は

$$\begin{pmatrix} 1 & 1 & 1 & 1 \\ 0 & 0 & 0 & 0 \\ 0 & 0 & 0 & 1 \end{pmatrix}$$

となるので，さらに簡約化して

$$\begin{pmatrix} 1 & 1 & 1 & 1 \\ 0 & 0 & 0 & 1 \\ 0 & 0 & 0 & 0 \end{pmatrix} \rightarrow \begin{pmatrix} 1 & 1 & 1 & 0 \\ 0 & 0 & 0 & 1 \\ 0 & 0 & 0 & 0 \end{pmatrix}$$

となり，簡約な行列を得る．このとき階数は2である．

さて (ii) のときは第2行を $(\lambda-1)$ で割って，

$$\begin{pmatrix} 1 & 1 & 1 & 1 \\ 0 & 1 & 0 & 0 \\ 0 & 0 & 0 & \lambda-2 \end{pmatrix} \rightarrow \begin{pmatrix} 1 & 0 & 1 & 1 \\ 0 & 1 & 0 & 0 \\ 0 & 0 & 0 & \lambda-2 \end{pmatrix}$$

ここでも，

(iii) $\lambda = 0$, 　　(iv) $\lambda \neq 2$

の2通りの場合が考えられて，(iii) のとき行列は

$$\begin{pmatrix} 1 & 0 & 1 & 1 \\ 0 & 1 & 0 & 0 \\ 0 & 0 & 0 & 0 \end{pmatrix}$$

となり，簡約な行列となる．また階数は 2 である．

(iv) のときは，第 3 行を $\lambda - 2$ で割って

$$\begin{pmatrix} 1 & 0 & 1 & 1 \\ 0 & 1 & 0 & 0 \\ 0 & 0 & 0 & 1 \end{pmatrix} \rightarrow \begin{pmatrix} 1 & 0 & 1 & 0 \\ 0 & 1 & 0 & 0 \\ 0 & 0 & 0 & 1 \end{pmatrix}$$

となり簡約化できる．このとき階数は 3 である．以上をまとめると，

$\lambda = 1$ のとき，簡約行列は $\begin{pmatrix} 1 & 1 & 1 & 0 \\ 0 & 0 & 0 & 1 \\ 0 & 0 & 0 & 0 \end{pmatrix}$ で，階数は 2

$\lambda = 2$ のとき，簡約行列は $\begin{pmatrix} 1 & 0 & 1 & 1 \\ 0 & 1 & 0 & 0 \\ 0 & 0 & 0 & 0 \end{pmatrix}$ で，階数は 2

$\lambda \neq 1, 2$ のとき，簡約行列は $\begin{pmatrix} 1 & 0 & 1 & 0 \\ 0 & 1 & 0 & 0 \\ 0 & 0 & 0 & 1 \end{pmatrix}$ となり，階数は 3

となる． □

問題 2.3.12 次の行列を簡約化し，階数を求めよ．

(1) $\begin{pmatrix} 1 & 2 & -3 \\ 1 & -2 & 1 \\ 5 & -2 & -3 \end{pmatrix}$ (2) $\begin{pmatrix} 1 & 1 & 0 & 1 & 4 \\ 1 & 1 & 1 & 0 & 5 \\ 2 & 0 & 0 & 4 & 7 \end{pmatrix}$

(3) $\begin{pmatrix} 1 & 1 & 1 & 1 & 4 \\ 1 & \lambda & 1 & 1 & 4 \\ 1 & 1 & \lambda & 3-\lambda & 6 \\ 2 & 2 & 2 & \lambda & 6 \end{pmatrix}$

2.4 一般の連立1次方程式の解法

例題 2.4.1 次の連立1次方程式を解け．

(1) $\begin{cases} x_1 \phantom{{}-x_2} + 2x_3 \phantom{{}+x_4} + 3x_5 = 1 \\ 3x_1 - x_2 + 7x_3 + x_4 + 12x_5 = 6 \\ 2x_1 - x_2 + 5x_3 + x_4 + 9x_5 = 5 \\ x_1 - 2x_2 + 4x_3 + x_4 + 7x_5 = 4 \end{cases}$

(2) $\begin{cases} x_1 \phantom{{}-x_2} + 2x_3 \phantom{{}+x_4} + 3x_5 = 1 \\ 3x_1 - x_2 + 7x_3 + x_4 + 12x_5 = 6 \\ 2x_1 - x_2 + 5x_3 + x_4 + 9x_5 = 5 \\ x_1 - 2x_2 + 4x_3 + x_4 + 7x_5 = 5 \end{cases}$

解答 (1) まず，この方程式の拡大係数行列

$$\begin{pmatrix} 1 & 0 & 2 & 0 & 3 & | & 1 \\ 3 & -1 & 7 & 1 & 12 & | & 6 \\ 2 & -1 & 5 & 1 & 9 & | & 5 \\ 1 & -2 & 4 & 1 & 7 & | & 4 \end{pmatrix}$$

を簡約化すると，

$$\begin{pmatrix} 1 & 0 & 2 & 0 & 3 & | & 1 \\ 0 & 1 & -1 & 0 & -1 & | & 0 \\ 0 & 0 & 0 & 1 & 2 & | & 3 \\ 0 & 0 & 0 & 0 & 0 & | & 0 \end{pmatrix}$$

となる．この行列を拡大係数行列とする連立1次方程式は

$$\begin{cases} x_1 + + 2x_3 + x_5 = 1 \\ x_2 - x_3 - x_5 = 0 \\ x_4 + 2x_5 = 3 \\ 0x_1 + 0x_2 + 0x_3 + 0x_4 + 0x_5 = 0 \end{cases}$$

である.まず,この連立方程式の第 4 式は x_1, x_2, x_3, x_4, x_5 の値がなんであれ成立するので,この方程式の解は次の連立 1 次方程式

$$\begin{cases} x_1 + + 2x_3 + x_5 = 1 \\ x_2 - x_3 - x_5 = 0 \\ x_4 + 2x_5 = 3 \end{cases}$$

の解である.このとき,主成分に対応する変数 x_1, x_2, x_4 を左辺に残し,他の変数を右辺に移行すると次の方程式

$$\begin{cases} x_1 = 1 - 2x_3 - x_5 \\ x_2 = x_3 + x_5 \\ x_4 = 3 - 2x_5 \end{cases}$$

を得る.$x_3 = c_1$, $x_5 = c_2$ とすると,解は

$$\begin{cases} x_1 = -1 - 4c_1 - c_2 \\ x_2 = c_1 + c_2 \\ x_3 = c_1 \\ x_4 = 3 - c_2 \\ x_5 = c_2 \end{cases} \quad (c_1, c_2 \text{ は任意の実数})$$

と表される.この解をベクトルの形式を用いて次のように表す.

$$\begin{pmatrix} x_1 \\ x_2 \\ x_3 \\ x_4 \\ x_5 \end{pmatrix} = \begin{pmatrix} 1 \\ 0 \\ 0 \\ 3 \\ 0 \end{pmatrix} + c_1 \begin{pmatrix} -2 \\ 1 \\ 1 \\ 1 \\ 0 \end{pmatrix} + c_2 \begin{pmatrix} -1 \\ 1 \\ 0 \\ -2 \\ 1 \end{pmatrix} \quad (c_1, c_2 \text{ は任意の実数})$$

(2) 拡大係数行列は

$$\begin{pmatrix} 1 & 0 & 2 & 0 & 3 & 0 \\ 0 & 1 & -1 & 0 & -1 & 0 \\ 0 & 0 & 0 & 1 & 2 & 0 \\ 0 & 0 & 0 & 0 & 0 & 1 \end{pmatrix}$$

と簡約化され，最後の行は式

$$0x + 0x_2 + x_3 + 0x_4 + 0x_5 = 1$$

を表し，この式を満たす x_1, x_2, x_3, x_4, x_5 の値は存在しないので，この連立1次方程式の解はない． □

問題 2.4.2 次の連立1次方程式を解け．

(1) $\begin{cases} x_1 + 2x_2 + 3x_3 + 3x_4 = 3 \\ x_1 + x_3 + x_4 = 3 \\ x_1 + x_2 + x_3 + x_4 = 1 \end{cases}$

(2) $\begin{cases} x_1 - x_2 - x_4 - 5x_5 = -1 \\ 2x_1 + x_2 - x_3 - 4x_4 + x_5 = -1 \\ x_1 + x_2 + x_3 - 4x_4 - 6x_5 = 3 \\ x_1 + 4x_2 + 2x_3 - 8x_4 - 5x_5 = 8 \end{cases}$

定理 2.4.3 (連立1次方程式の解の個数)

(1) $\mathrm{rank}(A) \neq \mathrm{rank}(A \mid \boldsymbol{b})$ のとき，解なし．

(2) $\mathrm{rank}(A) = \mathrm{rank}(A \mid \boldsymbol{b}) \neq$ 未知数の個数のとき，解は無限個．

(3) $\mathrm{rank}(A) = \mathrm{rank}(A \mid \boldsymbol{b}) =$ 未知数の個数のとき，解はただ1つ．

例題 2.4.4 次の連立1次方程式を解け.

$$\begin{cases} x_1 - x_2 - x_4 - 5x_5 = 2 \\ 2x_1 + x_2 - x_3 - 4x_4 + x_5 = -1 \\ x_1 + x_2 + x_3 - 4x_4 - 6x_5 = 2 \\ x_1 + 4x_2 + 2x_3 - 8x_4 - 5x_5 = \alpha \end{cases}$$

解答 この連立1次方程式の拡大係数行列は

$$\begin{pmatrix} 1 & -1 & 0 & -1 & -5 & | & 2 \\ 2 & 1 & -1 & -4 & 1 & | & -1 \\ 1 & 1 & 1 & -4 & -6 & | & 2 \\ 1 & 4 & 2 & -8 & -5 & | & \alpha \end{pmatrix} \rightarrow \begin{pmatrix} 1 & 0 & 0 & -2 & -3 & | & 1 \\ 0 & 1 & 0 & -1 & 2 & | & -1 \\ 0 & 0 & 1 & -1 & -5 & | & 2 \\ 0 & 0 & 0 & 0 & 0 & | & 5\alpha-5 \end{pmatrix}$$

と簡約化されるので, $5\alpha - 5 \neq 0$, つまり $\alpha \neq 1$ のとき解なし.

$\alpha = 1$ のとき, $x_4 = c_1$, $x_4 = c_2$ とすると, 次の解を得る.

$$\begin{pmatrix} x_1 \\ x_2 \\ x_3 \\ x_4 \\ x_5 \end{pmatrix} = \begin{pmatrix} 1 \\ -1 \\ 2 \\ 0 \\ 0 \end{pmatrix} + c_1 \begin{pmatrix} 2 \\ 1 \\ 1 \\ 1 \\ 0 \end{pmatrix} + c_2 \begin{pmatrix} 3 \\ -2 \\ 5 \\ 0 \\ 1 \end{pmatrix} \quad (c_1, c_2 \text{ は任意の実数})$$

□

問題 2.4.5 次の連立1次方程式を解け.

(1) $\begin{cases} x_1 + x_2 + x_3 = 1 \\ 2x_1 - x_2 + 2x_3 = 1 \\ x_1 + 2x_2 + x_3 = \alpha \end{cases}$

(2) $\begin{cases} x_1 - 3x_2 - x_3 - 10x_4 = \alpha \\ x_1 + x_2 + x_3 = 5 \\ 2x_1 - 4x_4 = 7 \\ x_1 + x_2 + x_4 = 4 \end{cases}$

2.5 逆 行 列

定義 2.5.1 (正則行列) n 次正方行列 A に対し，n 次正方行列 B で

$$AB = BA = E_n$$

となる行列 B が存在するとき，A は**正則行列**であるという．このとき，行列 B はただ１つに決まる．その行列 B を**行列 A の逆行列**といい，A^{-1} と表す．

定理 2.5.2 n 正方行列 A に対して次の３つの条件は同値である．
(1) A は正則行列
(2) $\mathrm{rank}(A) = n$
(3) $AB = E$ となる n 次正方行列 B が存在する．

この定理により，$AB = E$ ならば $B = A^{-1}$ である．なぜなら，$AB = E$ の両辺に左から A^{-1} を掛けて，$B = A^{-1}$ を得る．また正則行列の逆行列を求める計算方法が得られる．いま A の逆行列を

$$B = (\boldsymbol{b}_1 \ \boldsymbol{b}_2 \ \cdots \ \boldsymbol{b}_n)$$

と表すことにし，単位行列を

$$E_n = (\boldsymbol{e}_1 \ \boldsymbol{e}_2 \ \cdots \ \boldsymbol{e}_n)$$

とするとき，

$$\begin{aligned} AB &= A(\boldsymbol{b}_1 \ \boldsymbol{b}_2 \ \cdots \ \boldsymbol{b}_n) = (A\boldsymbol{b}_1 \ A\boldsymbol{b}_2 \ \cdots \ A\boldsymbol{b}_n) \\ &= (\boldsymbol{e}_1 \ \boldsymbol{e}_2 \ \cdots \ \boldsymbol{e}_n) = E_n \end{aligned}$$

となるので，逆行列の各列 $\boldsymbol{b}_1, \boldsymbol{b}_2, \cdots, \boldsymbol{b}_n$ は n 個の連立１次方程式

$$A\boldsymbol{x} = \boldsymbol{e}_1, \ A\boldsymbol{x} = \boldsymbol{e}_2, \cdots, \ A\boldsymbol{x} = \boldsymbol{e}_n$$

の解である．これらの連立１次方程式を解くには各連立１次方程式の拡大係数

行列

$$(A \mid e_1), \ (A \mid e_2), \cdots, \ (A \mid e_n)$$

を簡約化すればよいが，この簡約化は行列 A が単位行列になるように行えばよいのですべて同じ基本変形の仕方になる．そこで，次の行列をつくりその行列を簡約化すると，右側に逆行列 B が得られる．つまり

$$(A \mid e_1 \ e_2 \ \cdots \ e_n) = (A \mid E_n) \Rightarrow (E_n \mid B)$$

例題 2.5.3 次の行列の逆行列を求めよ．

$$A = \begin{pmatrix} 2 & 4 & 6 \\ 1 & 3 & 7 \\ 3 & 3 & -2 \end{pmatrix}$$

解答

$$\begin{pmatrix} 2 & 4 & 6 & | & 1 & 0 & 0 \\ 1 & 3 & 7 & | & 0 & 1 & 0 \\ 3 & 3 & -2 & | & 0 & 0 & 1 \end{pmatrix} \rightarrow \begin{pmatrix} 1 & 3 & 7 & | & 0 & 1 & 0 \\ 2 & 4 & 6 & | & 1 & 0 & 0 \\ 3 & 3 & -2 & | & 0 & 0 & 1 \end{pmatrix}$$

$$\rightarrow \begin{pmatrix} 1 & 3 & 7 & | & 0 & 1 & 0 \\ 0 & -2 & -8 & | & 1 & -2 & 0 \\ 0 & -6 & -23 & | & 0 & -3 & 1 \end{pmatrix} \rightarrow \begin{pmatrix} 1 & 3 & 7 & | & 0 & 1 & 0 \\ 0 & 1 & 4 & | & -1/2 & 1 & 0 \\ 0 & -6 & -23 & | & 0 & -3 & 1 \end{pmatrix}$$

$$\rightarrow \begin{pmatrix} 1 & 0 & -5 & | & 3/2 & -2 & 0 \\ 0 & 1 & 4 & | & -1/2 & 1 & 0 \\ 0 & 0 & 1 & | & -3 & 3 & 1 \end{pmatrix} \rightarrow \begin{pmatrix} 1 & 0 & 0 & | & -27/2 & 13 & 5 \\ 0 & 1 & 0 & | & 23/2 & -11 & -4 \\ 0 & 0 & 1 & | & -3 & 3 & 1 \end{pmatrix}$$

となるので，A の逆行列 A^{-1} は

$$A^{-1} = \begin{pmatrix} -27/2 & 13 & 5 \\ 23/2 & -11 & -4 \\ -3 & 3 & 1 \end{pmatrix}$$

である. □

問題 2.5.4 次の逆行列を求めよ.

(1) $\begin{pmatrix} 2 & 2 & 3 \\ 1 & -1 & 0 \\ -1 & 2 & 1 \end{pmatrix}$ (2) $\begin{pmatrix} 1 & 1 & -2 & 0 \\ -1 & 0 & 1 & -1 \\ 2 & 1 & 0 & 4 \\ 1 & -1 & 1 & 3 \end{pmatrix}$

例題 2.5.5 行列 A, B が正則行列のとき,次の事柄を示せ.
(1) 行列 A^{-1} は正則行列で,その逆行列 $(A^{-1})^{-1}$ は A である.
(2) 行列 AB は正則行列で,その逆行列 $(AB)^{-1}$ は $B^{-1}A^{-1}$ である.

解答 (1) 行列 A^{-1} に対して,$A^{-1}X = XA^{-1}$ となる行列 X が存在すれば行列 A^{-1} は正則行列であり,またこのとき行列 X を A^{-1} の逆行列という.したがって上記の等式を満たす行列 X を見つければよい.ここで,

$$A^{-1}A = AA^{-1} = E$$

なので,A^{-1} は正則行列でその逆行列は A となる.

(2) 行列 AB についても同様で

$$(AB)(B^{-1}A^{-1}) = ABB^{-1}A^{-1} = AEA^{-1} = AA^{-1} = E$$
$$(B^{-1}A^{-1})(AB) = B^{-1}A^{-1}AB = BEB^{-1} = BB^{-1} = E$$

であるので,行列 AB は正則行列で,AB の逆行列 $(AB)^{-1}$ は $B^{-1}A^{-1}$ である. □

問題 2.5.6 $A_1, A_2, \cdots, A_n$ が正則行列であるとき，積 $A_1 A_2 \cdots A_n$ も正則行列で，逆行列は $(A^{-1})^n$ であること，つまり

$$(A_1 A_2 \cdots A_n)^{-1} = A_n^{-1} A_{n-1}^{-1} \cdots A_1^{-1}$$

であることを示せ.

章 末 問 題

2.1 行列の階数は，その簡約行列の主成分の個数に等しいことを確かめよ.

2.2 次の連立1次方程式が無限個の解をもつように α, β の値を決め，そのときの解を求めよ.

$$\begin{cases} x_1 + x_2 + 2x_3 + 3x_4 = 1 \\ x_1 + 3x_2 + 6x_3 + x_4 = 3 \\ 3x_1 - x_2 - \alpha x_3 + 15x_4 = 3 \\ x_1 - 5x_2 - 10x_3 + 12x_4 = \beta \end{cases}$$

2.3 次の行列の逆行列を求めよ.

(1) $\begin{pmatrix} 1 & 0 & 0 \\ 0 & 0 & -1 \\ 0 & 1 & 0 \end{pmatrix}$ (2) $\begin{pmatrix} 1 & 1 & 1 & 0 \\ 1 & 1 & 0 & -1 \\ 1 & 0 & -1 & -1 \\ 0 & -1 & -1 & -1 \end{pmatrix}$

2.4 整数 n に対して

$$A_n = \begin{pmatrix} 1-n & -n \\ n & 1+n \end{pmatrix}$$

とするとき，次の事柄を示せ.

(1) $A_n A_m = A_{n+m}$
(2) A_n は正則行列で $(A_n)^{-1} = A_{-n}$

3

集　　　合

3.1　集　　　合

定義 3.1.1 (**集合**)　範囲の確定したものの集まりを**集合**といい，集合を構成する個々のものを**要素**と呼ぶ．ものが集合 A の要素であることを $a \in A$ で表し，ものが集合 A の要素ではないことを $a \notin A$ で表す．

定義 3.1.2 (**部分集合**)　2 つの集合 A, B に対し，"$a \in A$ ならば $a \in B$" が成り立つとき，A は B に**含まれる**，または A は B の**部分集合**であるといい，$A \subset B$ で表す．また "$A \subset B$ かつ $B \subset A$" であるとき，A と B は**等しい**といい，$A = B$ で表す．

例 3.1.3 (特殊な集合の記号)
空集合 $\emptyset$: 要素をもたない集合，
$\mathbb{N}$: 自然数全体の集合，$\mathbb{Z}$: 整数全体の集合，$\mathbb{Q}$: 有理数全体の集合，
$\mathbb{R}$: 実数全体の集合，$\mathbb{C}$: 複素数全体の集合．
$a, b \in \mathbb{R}, \ a < b$ とするとき，**開区間** $]a, b[\, = \{x \in \mathbb{R} \mid a < x < b\}$,
閉区間 $[a, b] = \{x \in \mathbb{R} \mid a \leq x \leq b\}$, **左半開区間** $]a, b] = \{x \in \mathbb{R} \mid a < x \leq b\}$,
右半開区間 $[a, b[\, = \{x \in \mathbb{R} \mid a \leq x < b\}$.

定義 3.1.4 (集合の演算)　A, B を集合とする．
$\{x \mid x \in A$ かつ $x \in B\}$ を A と B の**共通集合**といい，$A \cap B$ で表す．
$\{x \mid x \in A$ または $x \in B\}$ を A と B の**合併集合**といい，$A \cup B$ で表す．
$\{x \mid x \in A$ かつ $x \notin B\}$ を A から B を引いた**差集合**といい，$A - B$ で表す．

$\{(a,b) \mid a \in A, b \in B\}$ を A と B の**直積集合**といい $A \times B$ で表す．$A \times A$ は A^2 とも表す．n 個の集合 $A_1, A_2, \cdots, A_n$ に対し，$\{(a_1, a_2, \cdots, a_n) \mid a_1 \in A_1, a_2 \in A_2, \cdots, a_n \in A_n\}$ を，$A_1, A_2, \cdots, A_n$ の**直積集合**といい，$A_1 \times A_2 \times \cdots \times A_n$ とかく．集合 A に対し，n 個の A の直積集合 $A \times A \times \cdots \times A$ を A^n で表す．

例題 3.1.5 $A = \{2, 3, 4\}$, $B = \{1, 3\}$ とするとき，
$A \cap B$, $A \cup B$, $A - B$, $A \times B$, A の部分集合全体の集合，を求めよ．

解答 $A \cap B = \{3\}$, $A \cup B = \{1, 2, 3, 4\}$, $A - B = \{2, 4\}$,
$A \times B = \{(2,1), (2,3), (3,1), (3,3), (4,1), (4,3)\}$
A の部分集合全体の集合 $= \{\emptyset, \{2\}, \{3\}, \{4\}, \{2,3\}, \{3,4\}, \{2,4\}, A\}$． □

問題 3.1.6 次の A, B に対し $A \cap B$, $A \cup B$, $A - B$, $A \times B$ を求めよ．
(1) $A = \{2, 3\}$, $B = \{1, 3\}$ (2) $A = \{1, 2, 3\}$, $B = \{1, 3, 5\}$
(3) $A = \{1, 2\}$, $B = \{1, 2, 3\}$ (4) $A = \emptyset$, $B = \{1, 3\}$

問題 3.1.7 次の集合 A の部分集合全体の集合を求めよ．
(1) $A = \{2, 3\}$ (2) $A = \{2\}$ (3) $A = \{x, y, z\}$
(4) $A = \{(1, a), (1, b), (2, a), (2, b)\}$

問題 3.1.8 次の A, B に対し $A \cap B$, $A \cup B$, $A - B$ を求めよ．
(1) $A = [2, 4]$, $B = [3, 5]$ (2) $A = [2, 4]$, $B =]3, 5[$
(3) $A = [2, 6[$, $B =]3, 5]$ (4) $A = [2, 4]$, $B = \{3\}$

例題 3.1.9 A, B, C を集合とするとき，次の等式を示せ．
$A \cap (B \cup C) = (A \cap B) \cup (A \cap C)$

解答 (1) まず，$A \cap (B \cup C) \subset (A \cap B) \cup (A \cap C)$ を示す．
$a \in A \cap (B \cup C)$ とすると，$a \in A$ かつ $a \in B \cup C$，よって $a \in A$ かつ $(a \in B$ または $a \in C)$，よって $(a \in A$ または $a \in B)$ かつ $(a \in A$ または $a \in C)$，よっ

て $a \in A \cap B$ または $a \in A \cap C$, よって $a \in (A \cap B) \cup (A \cap C)$, したがって $A \cap (B \cup C) \subset (A \cap B) \cup (A \cap C)$.

次に, $(A \cap B) \cup (A \cap C) \subset A \cap (B \cup C)$ を示す.

$a \in (A \cap B) \cup (A \cap C)$ とすると, $a \in A \cap B$ または $a \in A \cap C$, よって ($a \in A$ かつ $a \in B$) または ($a \in A$ かつ $a \in C$), よって $a \in A$ かつ ($a \in B$ または $a \in C$), よって $a \in A$ かつ ($a \in B \cup C$), よって $a \in A \cap (B \cup C)$, したがって $(A \cap B) \cup (A \cap C) \subset A \cap (B \cup C)$.

これで, $A \cap (B \cup C) = (A \cap B) \cup (A \cap C)$ が示された. □

問題 3.1.10 A, B, C を集合とするとき, 次の等式を示せ.
$A \cup (B \cap C) = (A \cup B) \cap (A \cup C)$

3.2 集合の要素の個数

定義 3.2.1 (集合の要素の個数) 有限個の要素をもつ集合 A に対し, その要素の個数を $N(A)$ と表す. また, x に対し,

$$K_A(x) = \begin{cases} 1 & (x \in A \text{ のとき}) \\ 0 & (x \notin A \text{ のとき}) \end{cases}$$

と定義し, K_A を A の**特性関数**という. $N(A) = \sum_x K_A(x)$ である.

例 3.2.2 (1) $N(\{1,2,3\}) = 3$, $N(\{x \in \mathbb{Z} \mid x^2 = x\}) = 2$.

(2) $N(A) = a$, $N(B) = b$ であるとき, $N(A \times B) = ab$, A の部分集合の個数 $= 2^a$, A の s 個の要素からなる部分集合の個数 $= {}_a\mathrm{C}_s = \dfrac{a!}{s!(a-s)!}$.

例題 3.2.3 $A, B,$ を有限個の要素をもつ集合とするとき, 次の等式を示せ.
$N(A \cup B) = N(A) + N(B) - N(A \cap B)$

解答 各 x に対し，$K_{A\cup B}(x) = K_A(x) + K_B(x) - K_{A\cap B}(x)$ を示す．

x が A, B のどちらにも属さないとき，
$K_{A\cup B}(x) = 0$, $K_A(x) + K_B(x) - K_{A\cap B}(x) = 0 + 0 - 0 = 0$.

x が A, B のどちらか一方にのみ属すとき，$K_{A\cup B}(x) = 1$, $K_A(x) + K_B(x) - K_{A\cap B}(x) = (K_A(x) + K_B(x)) - K_{A\cap B}(x) = 1 - 0 = 1$.

x が A, B のどちらにも属すとき，$K_{A\cup B}(x) = 1$, $K_A(x) + K_B(x) - K_{A\cap B}(x) = 1 + 1 - 1 = 1$. よって，$K_{A\cup B}(x) = K_A(x) + K_B(x) - K_{A\cap B}(x)$ が示された．

したがって，$N(A\cup B) = \sum_x K_{A\cup B}(x) = \sum_x (K_A(x) + K_B(x) - K_{A\cap B}(x))$
$= \sum_x K_A(x) + \sum_x K_B(x) - \sum_x K_{A\cap B}(x) = N(A) + N(B) - N(A\cap B)$. □

問題 3.2.4 A, B を集合とし，$N(A) = 10$, $N(B) = 15$, $N(A\cup B) = 20$ とする．$N(A\times B)$, $N(A\cap B)$, A の部分集合の個数，A の 6 個の要素をもつ部分集合の個数を求めよ．

章 末 問 題

3.1 A, B, C を集合とするとき，次の等式を示せ．

$$A - (B\cup C) = (A - B) \cap (A - C)$$

3.2 A, B, C を有限個の要素をもつ集合とするとき，次の等式を示せ．

$$N(A\cup B\cup C) = N(A) + N(B) + N(C) - N(A\cap B)$$
$$- N(B\cap C) - N(C\cap A) + N(A\cap B\cap C)$$

4
写 像 ・ 関 数

4.1 写 像 ・ 関 数

定義 4.1.1 (写像・関数) X, Y を 2 つの集合とする．X の各要素に対し，Y の要素が 1 つ決まるような対応の仕方 f を X から Y への**写像**といい $f : X \to Y$ と表す．ここで X を写像 $f : X \to Y$ の**定義域**，Y は写像 $f : X \to Y$ の**値域**という．$x \in X$ に対し，f によって決まる Y の要素を，x の f による**値**といい，$f(x)$ と表す．

写像 $f : X \to Y$ においてその値域 Y が実数全体の集合 $\mathbb{R}$ またはその部分集合であるとき $f : X \to Y$ を**関数**という．

定義域の各要素に対し，値域のどの要素を対応させるのかをはっきり示すことにより 1 つの写像が定まる．したがって写像を表すとき，

$$f : X \to Y, \quad \text{"}f \text{ による対応の仕方"}$$

という表し方をする．

例 4.1.2 (写像・関数)
(1) $X = \{1, 2, 3\}$, $Y = \{2, 3, 4\}$ に対し，$f : X \to Y$, $f(1) = 2$, $f(2) = 3$, $f(3) = 3$.
(2) $f : \mathbb{R} \to \mathbb{R}$, $f(x) = 2x - 1$.
(3) $f : \mathbb{R} \to \mathbb{R}$, $f(x) = 2x^2 + 5$.

例 4.1.3 (特殊な関数)
定数関数：定数 $a \in \mathbb{R}$ に対し，$f : \mathbb{R} \to \mathbb{R}$, $f(x) = a$.

恒等関数：$f : \mathbb{R} \to \mathbb{R}, \ f(x) = x$.
1 次関数：定数 $a, b \in \mathbb{R}$ に対し，$f : \mathbb{R} \to \mathbb{R}, \ f(x) = ax + b$.
2 次関数：定数 $a, b, c \in \mathbb{R}$ に対し，$f : \mathbb{R} \to \mathbb{R}, \ f(x) = ax^2 + bx + c$.
多項式関数：定数 $a_0, a_1, a_2, \cdots, a_n \in \mathbb{R}$ に対し，
$$f : \mathbb{R} \to \mathbb{R}, \ f(x) = a_0 + a_1 x + a_2 x^n + \cdots + a_n x^n.$$
多変数の多項式関数：
(1) $f : \mathbb{R}^2 \to \mathbb{R}, \ f(x_1, x_2) = 3 + x_1 - 2x_2 + 3x_1^2 + 2x_1 x_2 - x_2^2$
(2) $f : \mathbb{R}^3 \to \mathbb{R}$,
$$f(x_1, x_2, x_3) = 2x_1 x_2 - x_2 x_3 + 4x_3 x_1 + x_1^3 x_2 - 3x_2^2 x_3^3 + 5x_1^7 + x_3^{12}$$
行列の積によって定義される写像：

(1) $f : \mathbb{R}^3 \to \mathbb{R}, \ f(x_1, x_2, x_3) = \begin{pmatrix} 1 & 2 & 3 \end{pmatrix} \begin{pmatrix} x_1 \\ x_2 \\ x_3 \end{pmatrix}$

(2) $f : \mathbb{R}^3 \to \mathbb{R}^3, \ f(x_1, x_2, x_3) = \begin{pmatrix} 1 & 2 & 3 \\ 0 & 3 & -1 \\ 2 & 1 & 4 \end{pmatrix} \begin{pmatrix} x_1 \\ x_2 \\ x_3 \end{pmatrix}$

(3) 一般に，A を $m \times n$ 行列とするとき，写像 $f : \mathbb{R}^n \to \mathbb{R}^m, \ f(\boldsymbol{x}) = A\boldsymbol{x}$ が定義される．この写像は**線形性**と呼ばれる次の性質 $(*)$ をもつ．

$(*)$ $\alpha, \beta \in \mathbb{R}, \ \boldsymbol{x}, \boldsymbol{y} \in \mathbb{R}^n$ とするとき，$f(\alpha \boldsymbol{x} + \beta \boldsymbol{y}) = \alpha f(\boldsymbol{x}) + \beta f(\boldsymbol{y})$

例題 4.1.4 次の写像の指定された値を求めよ．
(1) $f : \mathbb{R} \to \mathbb{R}, \ f(x) = x^3 + 3x^2 - 2x - 1$ とするとき，$f(2), f(0)$.
(2) $f : \mathbb{R}^2 \to \mathbb{R}, \ f(x_1, x_2) = 1 + x_1 - x_2 + 2x_1 x_2$ とするとき，
$f(1, 2), f(0, 1)$.
(3) $f : \mathbb{R}^3 \to \mathbb{R}, \ f(x_1, x_2, x_3) = (x_1 + x_2 + x_3)^2$
とするとき，$f(1, 2, 3), f(-1, 0, 1)$.
(4) $f : \mathbb{R}^3 \to \mathbb{R}^3, \ f(x_1, x_2, x_3) = \begin{pmatrix} 1 & 2 & 3 \\ 0 & 3 & -1 \\ 2 & 1 & 4 \end{pmatrix} \begin{pmatrix} x_1 \\ x_2 \\ x_3 \end{pmatrix}$

とするとき，$f(1,1,1)$, $f(1,2,3)$．

解答 (1) $f(2) = 2^3 + 3 \times 2^2 - 2 \times 2 - 1 = 8 + 12 - 4 - 1 = 15$,
$f(0) = 0^3 + 3 \times 0^2 - 2 \times 0 - 1 = 0 + 0 - 0 - 1 = -1$
(2) $f(1,2) = 1 + 1 - 2 + 2 \times 1 \times 2 = 4$, $f(0,1) = 1 + 0 - 1 + 2 \times 0 \times 1 = 0$
(3) $f(1,2,3) = (1+2+3)^2 = 6^2 = 36$, $f(-1,0,1) = (-1+0+1)^2 = 0^2 = 0$
(4) $f(1,1,1) = \begin{pmatrix} 1 & 2 & 3 \\ 0 & 3 & -1 \\ 2 & 1 & 4 \end{pmatrix} \begin{pmatrix} 1 \\ 1 \\ 1 \end{pmatrix} = \begin{pmatrix} 6 \\ 2 \\ 7 \end{pmatrix}$

$f(1,2,3) = \begin{pmatrix} 1 & 2 & 3 \\ 0 & 3 & -1 \\ 2 & 1 & 4 \end{pmatrix} \begin{pmatrix} 1 \\ 2 \\ 3 \end{pmatrix} = \begin{pmatrix} 14 \\ 3 \\ 16 \end{pmatrix}$ □

問題 4.1.5 次の写像の指定された値を求めよ．
(1) $f : \mathbb{R} \to \mathbb{R}$, $f(x) = 2x^3 + x^2 + x - 3$ とするとき，$f(2), f(0)$．
(2) $f : \mathbb{R}^2 \to \mathbb{R}$, $f(x_1, x_2) = 3 + x_1 + 2x_2 - 3x_1 x_2$ とするとき，
$f(1,2), f(0,1)$．
(3) $f : \mathbb{R}^3 \to \mathbb{R}$, $f(x_1, x_2, x_3) = (x_1 - 2x_2 + x_3)^2$ とするとき，
$f(1,2,3), f(-1,0,1)$．
(4) $f : \mathbb{R}^3 \to \mathbb{R}$, $f(x_1, x_2, x_3) = \begin{pmatrix} 0 & 1 & 3 \end{pmatrix} \begin{pmatrix} x_1 \\ x_2 \\ x_3 \end{pmatrix}$

とするとき，$f(1,1,1), f(1,2,3)$．

例題 4.1.6 (1) $X = \{a, b, c\}$, $Y = \{d, e\}$ とするとき，X から Y への写像をすべて求めよ．
(2) $X = \{1, 2, 3\}$ とするとき，X から X への写像 f で条件 "$f(x_1) = f(x_2)$ ならば $x_1 = x_2$" を満たすものをすべて求めよ．

解答 (1) 次の 8 種類である.

$f_1 : X \to Y, \ f_1(a) = d, \ f_1(b) = d, \ f_1(c) = d$
$f_2 : X \to Y, \ f_2(a) = d, \ f_2(b) = d, \ f_2(c) = e$
$f_3 : X \to Y, \ f_3(a) = d, \ f_3(b) = e, \ f_3(c) = d$
$f_4 : X \to Y, \ f_4(a) = d, \ f_4(b) = e, \ f_4(c) = e$
$f_5 : X \to Y, \ f_5(a) = e, \ f_5(b) = d, \ f_5(c) = d$
$f_6 : X \to Y, \ f_6(a) = e, \ f_6(b) = d, \ f_6(c) = e$
$f_7 : X \to Y, \ f_7(a) = e, \ f_7(b) = e, \ f_7(c) = d$
$f_8 : X \to Y, \ f_8(a) = e, \ f_8(b) = e, \ f_8(c) = e$

(2) 異なる要素には異なる要素を対応させなければならないので，次の 6 種類である．

$f_1 : X \to X, \ f_1(1) = 1, \ f_1(2) = 2, \ f_1(3) = 3$
$f_2 : X \to X, \ f_2(1) = 1, \ f_2(2) = 3, \ f_2(3) = 2$
$f_3 : X \to X, \ f_3(1) = 2, \ f_3(2) = 1, \ f_3(3) = 3$
$f_4 : X \to X, \ f_4(1) = 2, \ f_4(2) = 3, \ f_4(3) = 1$
$f_5 : X \to X, \ f_5(1) = 3, \ f_5(2) = 1, \ f_5(3) = 2$
$f_6 : X \to X, \ f_6(1) = 3, \ f_6(2) = 2, \ f_6(3) = 1$ □

問題 4.1.7 $X = \{1, 2\}, Y = \{1, 2, 3\}$ とするとき，X から Y への写像をすべて求めよ．

問題 4.1.8 $X = \{1, 2, 3, 4\}$ とするとき，X から X への写像 f で条件 "$f(x_1) = f(x_2)$ ならば $x_1 = x_2$" を満たすものをすべて求めよ．

4.2 関数の演算

関数は値域が実数であるから，実数の和・差・積・商を用いて 2 つの関数から 1 つ関数を指定する操作が定義される．

定義 4.2.1 (関数の演算) 実数 $a \in \mathbb{R}$，関数 $f : \mathbb{R} \to \mathbb{R}$，$g : \mathbb{R} \to \mathbb{R}$ に対し，
実数倍：$af : \mathbb{R} \to \mathbb{R}, \ (af)(x) = a \cdot f(x)$

関数の和：$f+g : \mathbb{R} \to \mathbb{R}, \ (f+g)(x) = f(x) + g(x)$

関数の積：$fg : \mathbb{R} \to \mathbb{R}, \ (fg)(x) = f(x) \cdot g(x)$

関数の商：$X = \{x \in \mathbb{R} \mid g(x) \neq 0\}$ とするとき，$\dfrac{f}{g} : X \to \mathbb{R}, \ \dfrac{f}{g}(x) = \dfrac{f(x)}{g(x)}$

例題 4.2.2 2つの関数 $f : \mathbb{R} \to \mathbb{R}, \ f(x) = 3x^2 + 1, \ g : \mathbb{R} \to \mathbb{R}, \ g(x) = x - 2$ に対して，$4f, \ f+g, \ fg, \ \dfrac{f}{g}$ を求めよ．

解答 $(4f)(x) = 4f(x) = 4(3x^2+1) = 12x^2 + 4$

$(f+g)(x) = f(x) + g(x) = (3x^2+1) + (x-2) = 3x^2 + x - 1$

$(fg)(x) = f(x)g(x) = (3x^2+1)(x-2) = 3x^3 - 6x^2 + x - 2$

$\dfrac{f}{g}(x) = \dfrac{f(x)}{g(x)} = \dfrac{3x^2+1}{x-2} \qquad (x \neq 2)$ □

問題 4.2.3 次の2つの関数 f, g に関して $f+g, \ fg, \ \dfrac{f}{g}$ をそれぞれ求めよ．

(1) $f : \mathbb{R} \to \mathbb{R}, \ f(x) = 3x + 2, \ g : \mathbb{R} \to \mathbb{R}, \ g(x) = x - 1$

(2) $f : \mathbb{R} \to \mathbb{R}, \ f(x) = -2x^2 + 1, \ g : \mathbb{R} \to \mathbb{R}, \ g(x) = -3x - 2$

(3) $f : \mathbb{R} \to \mathbb{R}, \ f(x) = 3x^2 + 2x - 1, \ g : \mathbb{R} \to \mathbb{R}, \ g(x) = -x^2 - 2$

(4) $f : \mathbb{R} \to \mathbb{R}, \ f(x) = 2, \ g : \mathbb{R} \to \mathbb{R}, \ g(x) = 3x^2 - 2$

(5) $f : \mathbb{R} \to \mathbb{R}, \ f(x) = x + 2, \ g : \mathbb{R} - \{0\} \to \mathbb{R} - \{0\}, \ g(x) = \dfrac{1}{x}$

定義 4.2.4 (写像の合成) X, Y, Z を集合とする．

写像 $f : X \to Y, \ g : Y \to Z$ に対して，写像 $g \circ f : X \to Z, \ g \circ f(x) = g(f(x))$ を f と g の**合成写像**という．

関数の場合は，**合成関数**という．

定義 4.2.5 (逆写像) X, Y を集合とする．写像 $f : X \to Y$ に対して，写像 $g : Y \to X$ で，

(1) 任意の $y \in Y$ に対し，$f \circ g(y) = y$

(2) 任意の $x \in X$ に対し，$g \circ f(x) = x$

を満たすものを f の**逆写像**といい，$f^{-1}: Y \to X$ と表す．

$x \in X$, $y \in Y$ に対して，$f(x) = y$ と $f^{-1}(y) = x$ は同値である．

関数の場合は，**逆関数**という．

定義 4.2.6 (関数のグラフ)　X, Y を集合とする．写像 $f: X \to Y$ に対し，$X \times Y$ の部分集合 $\{(x, f(x)) \mid x \in X\}$ を f の**グラフ**という．

特に，関数 $f: \mathbb{R} \to \mathbb{R}$ のグラフは $\mathbb{R}^2$ の部分集合であり，$\mathbb{R}^2$ は座標平面と同一視できるから，この場合グラフは座標平面上の図形とも考えられる．

例 4.2.7　(1) $f: \mathbb{R} \to \mathbb{R}$, $f(x) = 2x + 1$ とすると，f のグラフ $= \{(x, 2x+1) \mid x \in \mathbb{R}\}$．これは，平面内の図形としてみると，$(0, 1)$ を通り，傾き 2 の直線である．

(2) $f: \mathbb{R} \to \mathbb{R}$, $f(x) = x^2$ とすると，f のグラフ $= \{(x, x^2) \mid x \in \mathbb{R}\}$．これは，平面内の図形としてみるとき，放物線と呼ばれる図形になる．

例題 4.2.8　2 つの関数 $f: \mathbb{R} \to \mathbb{R}$, $f(x) = 3x^2 + 1$, $g: \mathbb{R} \to \mathbb{R}$, $g(x) = x - 2$ に対して，$f \circ g$, $g \circ f$, f^{-1}, g^{-1} を求めよ．

ただし，逆関数に関しては適当に定義域，値域を制限して考えよ．

解答　$f \circ g(x) = f(g(x)) = f(x-2) = 3(x-2)^2 + 1 = 3(x^2 - 4x + 4) + 1 = 3x^2 - 12x + 13$

$g \circ f(x) = g(f(x)) = g(3x^2 + 1) = (3x^2 + 1) - 2 = 3x^2 - 1$

$f(x) = 3x^2 + 1 \geq 1$ であり，$y \geq 1$ に対し $f(x) = 3x^2 + 1 = y$ となる x は，$x \geq 0$ の範囲では $\sqrt{\dfrac{y-1}{3}}$ と，$x \leq 0$ の範囲では $-\sqrt{\dfrac{y-1}{3}}$ である．したがって，

$f: \{x \mid x \geq 0\} \to \{y \mid y \geq 1\}$ と考えるとき，

$f^{-1}: \{y \mid y \geq 1\} \to \{x \mid x \geq 0\}$, $f^{-1}(y) = \sqrt{\dfrac{y-1}{3}}$

$f: \{x \mid x \leq 0\} \to \{y \mid y \geq 1\}$ と考えるとき，

$$f^{-1}: \{y \mid y \geq 1\} \to \{x \mid x \leq 0\}, \ f^{-1}(y) = -\sqrt{\frac{y-1}{3}}$$

$y \in \mathbb{R}$ に対し, $g(x) = x - 2 = y$ となる x は $x = y + 2$ のみである. したがって, $g^{-1}: \mathbb{R} \to \mathbb{R}, \ g^{-1}(y) = y + 2$. □

問題 4.2.9 次の2つの関数 f, g に関して, $f \circ g, g \circ f, f^{-1}, g^{-1}$ をそれぞれ求めよ. ただし, 逆関数に関しては適当に定義域, 値域を制限して考えよ.
(1) $f: \mathbb{R} \to \mathbb{R}, \ f(x) = 3x + 2, \ g: \mathbb{R} \to \mathbb{R}, \ g(x) = x - 1$
(2) $f: \mathbb{R} \to \mathbb{R}, \ f(x) = -2x^2 + 1, \ g: \mathbb{R} \to \mathbb{R}, \ g(x) = -3x - 2$
(3) $f: \mathbb{R} \to \mathbb{R}, \ f(x) = 3x^2 + 2x - 1, \ g: \mathbb{R} \to \mathbb{R}, \ g(x) = -x^2 - 2$
(4) $f: \mathbb{R} \to \mathbb{R}, \ f(x) = 2, \ g: \mathbb{R} \to \mathbb{R}, \ g(x) = 3x^2 - 2$
(5) $f: \mathbb{R} \to \mathbb{R}, \ f(x) = x + 2, \ g: \mathbb{R} - \{0\} \to \mathbb{R} - \{0\}, \ g(x) = \dfrac{1}{x}$

章 末 問 題

4.1 $f_1: X_1 \to X_2, \ f_2: X_2 \to X_3, \ f_3: X_3 \to X_4, \ (f_3 \circ f_2) \circ f_1: X_1 \to X_4$ と $f_3 \circ (f_2 \circ f_1): X_1 \to X_4$ は等しいことを示せ.

4.2 $f: X \to Y$ に対し, 次の (1) と (1)′, (2) と (2)′ はそれぞれ同値であることを示せ.
(1) ある $g: Y \to X$ があって, 任意の $x \in X$ に対し $g \circ f(x) = x$.
(1)′ $f(x_1) = f(x_2)$ ならば $x_1 = x_2$.
(2) ある $g: Y \to X$ があって, 任意の $y \in Y$ に対し $f \circ g(y) = y$.
(2)′ 任意の $y \in Y$ に対して, ある $x \in X$ が存在して $f(x) = y$.

5

ベクトル空間

5.1 ベクトル空間

行列の章で述べたとおり，n 行 1 列の行列を n 次 (列) ベクトルと呼び，n 次ベクトル全体からなる集合

$$\left\{ \begin{pmatrix} a_1 \\ a_2 \\ \vdots \\ a_n \end{pmatrix} \;\middle|\; a_1, \cdots, a_n \in \mathbb{R} \right\}$$

を $\mathbb{R}^n$ を用いて表す．ここで $\mathbb{R}^n$ の要素は行列なので，行列に定義した演算 (和, 実数倍) がそのまま適用できる．つまり $\mathbb{R}^n$ のベクトル

$$\boldsymbol{a} = \begin{pmatrix} a_1 \\ a_2 \\ \vdots \\ a_n \end{pmatrix}, \quad \boldsymbol{b} = \begin{pmatrix} b_1 \\ b_2 \\ \vdots \\ b_n \end{pmatrix}$$

と実数 λ に対し，

$$\boldsymbol{a} + \boldsymbol{b} = \begin{pmatrix} a_1 + b_1 \\ a_2 + b_2 \\ \vdots \\ a_n + b_n \end{pmatrix}, \quad \lambda \boldsymbol{a} = \begin{pmatrix} \lambda a_1 \\ \lambda a_2 \\ \vdots \\ \lambda a_n \end{pmatrix}$$

と定義されている．

$\mathbb{R}^n$ のベクトル u, v, w と実数 a, b に対し，次の (1)～(8) が成立する．
(1) $u + v = v + u$, (2) $(u + v) + w = u + (v + w)$, (3) $u + 0 = 0 + u = u$,
(4) $a(bu) = (ab)u$, (5) $(a + b)u = au + bu$, (6) $a(u + v) = au + av$,
(7) $1u = u$, (8) $0u = 0$.

定義 5.1.1 (部分空間)　$\mathbb{R}^n$ の部分集合 $\mathbb{W}$ が次の条件
(1) $0 \in \mathbb{W}$,
(2) $u, v \in \mathbb{W}$ ならば $u + v \in \mathbb{W}$,
(3) $u \in \mathbb{W}, c \in \mathbb{R}$ ならば $cu \in \mathbb{W}$.
を満たすとき，$\mathbb{W}$ を ($\mathbb{R}^n$ の) **部分空間**と呼ぶ．特に零ベクトルだけからなる部分集合 $\{0\}$ は部分空間であり，これを**零 (ベクトル) 空間**と呼ぶ．

定義 5.1.2 (ベクトル空間)　$\mathbb{R}^n$ あるいはその部分空間を**ベクトル空間**と呼ぶ．ベクトル空間は $\mathbb{V}, \mathbb{W}$ 等で表す．

注意　本来，ベクトル空間は上記の (1)～(8) の性質を備えたものとして定義され，その定義を満たすものを全てベクトル空間と呼ぶ．しかし，ここでは $\mathbb{R}^n$ あるいはその部分空間以外のベクトル空間は扱わないので，あえて本来の定義を避けた．

例題 5.1.3 次の部分集合 $\mathbb{W}$ は $\mathbb{R}^3$ の部分空間となるかどうか判定せよ．

(1) $\mathbb{W} = \left\{ x = \begin{pmatrix} x_1 \\ x_2 \\ x_3 \end{pmatrix} \middle| \begin{array}{l} 2x_1 + 3x_2 - x_3 = 0 \\ x_1 - 2x_2 + 3x_3 = 0 \end{array} \right\}$

(2) $\mathbb{W} = \left\{ x = \begin{pmatrix} x_1 \\ x_2 \\ x_3 \end{pmatrix} \middle| \begin{array}{l} x_1 + 2x_2 - x_3 = 1 \\ x_1 - x_2 + 3x_3 = 5 \end{array} \right\}$

$$(3)\ \mathbb{W} = \left\{ \boldsymbol{x} = \begin{pmatrix} x_1 \\ x_2 \\ x_3 \end{pmatrix} \ \middle|\ \begin{array}{l} x_1 + 2x_2 + x_3 \leq 1 \\ x_1 - x_2 + x_3 = 0 \end{array} \right\}$$

解答 (1) $\mathbb{W}$ は $\mathbb{R}^3$ の部分空間である.以下 $\mathbb{W}$ が定義 6.1.1 の条件 (1), (2), (3) を満たすことを確かめる.

$$2 \times 0 + 3 \times 0 - 0 = 0, \quad 0 - 2 \times 0 + 3 \times 0 = 0$$

したがって $\boldsymbol{0} \in \mathbb{W}$ (条件 (1)).

$$\boldsymbol{a} = \begin{pmatrix} a_1 \\ a_2 \\ a_3 \end{pmatrix}, \quad \boldsymbol{b} = \begin{pmatrix} b_1 \\ b_2 \\ b_3 \end{pmatrix} \in \mathbb{W}, \quad c \in \mathbb{R}$$

とする.

$$\boldsymbol{a} + \boldsymbol{b} = \begin{pmatrix} a_1 + b_1 \\ a_2 + b_2 \\ a_3 + b_3 \end{pmatrix}, \quad c\boldsymbol{a} = \begin{pmatrix} ca_1 \\ ca_2 \\ ca_3 \end{pmatrix}$$

が条件の連立 1 次方程式を満たすことを確かめる.

$$2(a_1+b_1) + 3(a_2+b_2) - (a_3+b_3) = (2a_1+3a_2-a_3) + (2b_1+3b_2-b_3) = 0$$

$$(a_1+b_1) - 2(a_2+b_2) + 3(a_3+b_3) = (a_1-2a_2+3a_3) + (b_1-2b_2+3b_3) = 0$$

したがって $\boldsymbol{a} + \boldsymbol{b} \in \mathbb{W}$ (条件 (2)).

$$2(ca_1) + 3(ca_2) - (ca_3) = c(2a_1+3a_2-a_3) = 0$$

$$(ca_1) - 2(ca_2) + 3(ca_3) = c(a_1-2a_2+3a_3) = 0$$

したがって $c\boldsymbol{a} \in \mathbb{W}$ (条件 (3)).

(2) $x_1 = x_2 = x_3 = 0$ は条件の連立 1 次方程式の解ではないので,$\mathbb{W}$ は零ベクトル $\boldsymbol{0}$ を含まない.したがって,$\mathbb{W}$ は部分空間ではない.

(3)
$$\begin{pmatrix} -1 \\ -1 \\ 0 \end{pmatrix} \in \mathbb{W}, \quad -1 \begin{pmatrix} -1 \\ -1 \\ 0 \end{pmatrix} = \begin{pmatrix} 1 \\ 1 \\ 0 \end{pmatrix} \notin \mathbb{W}$$

なので，$\mathbb{W}$ は部分空間ではない． □

問題 5.1.4 次の各部分集合 $\mathbb{W}$ が $\mathbb{R}^3$ の部分空間となるかどうかを判定せよ．

(1) $\mathbb{W} = \left\{ \boldsymbol{x} = \begin{pmatrix} x_1 \\ x_2 \\ x_3 \end{pmatrix} \middle| \begin{array}{l} x_1 + x_2 - x_3 = 0 \\ 3x_1 + x_2 + 2x_3 = 0 \end{array} \right\}$

(2) $\mathbb{W} = \left\{ \boldsymbol{x} = \begin{pmatrix} x_1 \\ x_2 \\ x_3 \end{pmatrix} \middle| \begin{array}{l} x_1 - x_2 + x_3 = 0 \\ x_1 + x_2 + x_3 \leq 2 \end{array} \right\}$

(3) $\mathbb{W} = \left\{ \boldsymbol{x} = \begin{pmatrix} x_1 \\ x_2 \\ x_3 \end{pmatrix} \middle| x_1 x_2 x_3 = 0 \right\}$

(4) $\mathbb{W} = \left\{ \boldsymbol{x} = \begin{pmatrix} x_1 \\ x_2 \\ x_3 \end{pmatrix} \middle| \begin{array}{l} x_1 + x_2 + x_3 = 0 \\ (x_1 + x_2)(2x_1 - 4x_2 - x_3) = 0 \end{array} \right\}$

問題 5.1.5 $m \times n$ 行列 A に対し，$\mathbb{R}^n$ の部分集合

$$\mathbb{W} = \{ \boldsymbol{x} \in \mathbb{R}^n \mid A\boldsymbol{x} = \boldsymbol{0} \}$$

は，$\mathbb{R}^n$ の部分空間になることを示せ．これを連立1次方程式 $A\boldsymbol{x} = \boldsymbol{0}$ の**解空間**と呼ぶ．

5.2 1次独立と1次従属

定義 5.2.1 (1次結合) ベクトル空間 $\mathbb{V}$ ($\mathbb{R}^n$ あるいはその部分空間) のベクトル $\boldsymbol{a}_1, \boldsymbol{a}_2, \cdots, \boldsymbol{a}_m$ に対し，ベクトル

$$c_1\boldsymbol{a}_1 + c_2\boldsymbol{a}_2 + \cdots + c_m\boldsymbol{a}_m \qquad (c_1, c_2, \cdots, c_m \in \mathbb{R})$$

を $\boldsymbol{a}_1, \boldsymbol{a}_2, \cdots, \boldsymbol{a}_m$ の **1 次結合**と呼ぶ．特に

$$\boldsymbol{b} = c_1\boldsymbol{a}_1 + c_2\boldsymbol{a}_2 + \cdots + c_m\boldsymbol{a}_m$$

のとき，$\boldsymbol{b}$ は $\boldsymbol{a}_1, \boldsymbol{a}_2, \cdots, \boldsymbol{a}_m$ の **1 次結合で表せる**という．

例題 5.2.2 次のベクトル $\boldsymbol{a}_1, \boldsymbol{a}_2, \boldsymbol{a}_3, \boldsymbol{b}$ に対し，$\boldsymbol{b}$ を $\boldsymbol{a}_1, \boldsymbol{a}_2, \boldsymbol{a}_3$ の 1 次結合で表せ．

$$\boldsymbol{a}_1 = \begin{pmatrix} 1 \\ 1 \\ 3 \\ 0 \end{pmatrix}, \quad \boldsymbol{a}_2 = \begin{pmatrix} 1 \\ 2 \\ 0 \\ -1 \end{pmatrix}, \quad \boldsymbol{a}_3 = \begin{pmatrix} -2 \\ -4 \\ 1 \\ -1 \end{pmatrix}, \quad \boldsymbol{b} = \begin{pmatrix} -1 \\ -4 \\ 7 \\ 0 \end{pmatrix}$$

解答 $x_1\boldsymbol{a}_1 + x_2\boldsymbol{a}_2 + x_3\boldsymbol{a}_3 = \boldsymbol{b}$ とおくと，連立 1 次方程式

$$\begin{pmatrix} \boldsymbol{a}_1 & \boldsymbol{a}_2 & \boldsymbol{a}_3 \end{pmatrix} \begin{pmatrix} x_1 \\ x_2 \\ x_3 \end{pmatrix} = \boldsymbol{b}$$

が得られる．これを解くと

$$\begin{pmatrix} x_1 \\ x_2 \\ x_3 \end{pmatrix} = \begin{pmatrix} 2 \\ -1 \\ 1 \end{pmatrix}$$

となる．これを元の方程式に代入することにより

$$\boldsymbol{b} = 2\boldsymbol{a}_1 - \boldsymbol{a}_2 + \boldsymbol{a}_3$$

が得られる．（この場合は連立 1 次方程式の解がただ 1 つであったが，解が無

数に存在する場合は b の a_1, a_2, a_3 による表しかたも無数に存在する．解が存在しない場合は，b を a_1, a_2, a_3 の 1 次結合で表すことはできない．) □

問題 5.2.3 次のベクトル a_1, a_2, a_3, b に対し，b が a_1, a_2, a_3 の 1 次結合で表せるか否かを判定し，表せる場合は b を a_1, a_2, a_3 の 1 次結合で表せ．

(1) $a_1 = \begin{pmatrix} 3 \\ 1 \\ 2 \end{pmatrix}$, $a_2 = \begin{pmatrix} 1 \\ 0 \\ 1 \end{pmatrix}$, $a_3 = \begin{pmatrix} 8 \\ 3 \\ 5 \end{pmatrix}$, $b = \begin{pmatrix} 2 \\ 1 \\ 1 \end{pmatrix}$

(2) $a_1 = \begin{pmatrix} 1 \\ 1 \\ 0 \end{pmatrix}$, $a_2 = \begin{pmatrix} 1 \\ 0 \\ 1 \end{pmatrix}$, $a_3 = \begin{pmatrix} 2 \\ -1 \\ 0 \end{pmatrix}$, $b = \begin{pmatrix} 4 \\ 2 \\ -1 \end{pmatrix}$

(3) $a_1 = \begin{pmatrix} 1 \\ -1 \\ -2 \\ 1 \end{pmatrix}$, $a_2 = \begin{pmatrix} 2 \\ 1 \\ -1 \\ -1 \end{pmatrix}$, $a_3 = \begin{pmatrix} 4 \\ -1 \\ -5 \\ 1 \end{pmatrix}$, $b = \begin{pmatrix} 3 \\ 0 \\ -3 \\ 0 \end{pmatrix}$

定義 5.2.4 (1 次独立，1 次従属) ベクトル $a_1, a_2, \cdots, a_m$ に対し，方程式

$$x_1 a_1 + x_2 a_2 + \cdots + x_m a_m = 0 \qquad (x_1, x_2, \cdots, x_m \in \mathbb{R})$$

の解が，自明な解 $x_1 = x_2 = \cdots = x_m = 0$ に限るとき $a_1, a_2, \cdots, a_m$ は **1 次独立**であるという．$a_1, a_2, \cdots, a_m$ が 1 次独立でないとき，それらを **1 次従属**であるという．

例 5.2.5 $\mathbb{R}^n$ のベクトル

$$e_1 = \begin{pmatrix} 1 \\ 0 \\ \vdots \\ 0 \end{pmatrix}, \quad e_2 = \begin{pmatrix} 0 \\ 1 \\ \vdots \\ 0 \end{pmatrix}, \quad \cdots, \quad e_n = \begin{pmatrix} 0 \\ 0 \\ \vdots \\ 1 \end{pmatrix}$$

を $\mathbb{R}^n$ の**基本ベクトル**と呼ぶが，これらは 1 次独立である．

例題 5.2.6 次の $\mathbb{R}^4$ のベクトルが1次独立か否かを調べよ．

$$\boldsymbol{a}_1 = \begin{pmatrix} 2 \\ 1 \\ -3 \\ 1 \end{pmatrix}, \quad \boldsymbol{a}_2 = \begin{pmatrix} 1 \\ 0 \\ 1 \\ 0 \end{pmatrix}, \quad \boldsymbol{a}_3 = \begin{pmatrix} 3 \\ 1 \\ 2 \\ 2 \end{pmatrix}$$

解答 実数 x_1, x_2, x_3 に対し，以下

$$x_1 \boldsymbol{a}_1 + x_2 \boldsymbol{a}_2 + x_3 \boldsymbol{a}_3 = \boldsymbol{0} \quad \Leftrightarrow \quad \begin{pmatrix} \boldsymbol{a}_1 & \boldsymbol{a}_2 & \boldsymbol{a}_3 \end{pmatrix} \begin{pmatrix} x_1 \\ x_2 \\ x_3 \end{pmatrix} = \begin{pmatrix} 0 \\ 0 \\ 0 \\ 0 \end{pmatrix}$$

が成立する．右側の連立1次方程式の解を求めると，自明な解のみに限ることがわかるので，$\boldsymbol{a}_1, \boldsymbol{a}_2, \boldsymbol{a}_3$ は1次独立である．(もしこの連立1次方程式が非自明な解をもてば，$\boldsymbol{a}_1, \boldsymbol{a}_2, \boldsymbol{a}_3$ は1次従属である．) □

問題 5.2.7 次の各ベクトルの組が1次独立か否かを判定せよ．

(1) $\boldsymbol{a}_1 = \begin{pmatrix} 3 \\ 2 \\ -1 \end{pmatrix}, \quad \boldsymbol{a}_2 = \begin{pmatrix} 2 \\ 1 \\ 2 \end{pmatrix}, \quad \boldsymbol{a}_3 = \begin{pmatrix} 5 \\ 4 \\ -1 \end{pmatrix}$

(2) $\boldsymbol{a}_1 = \begin{pmatrix} 4 \\ 1 \\ 2 \\ 1 \end{pmatrix}, \quad \boldsymbol{a}_2 = \begin{pmatrix} 1 \\ 1 \\ 3 \\ 2 \end{pmatrix}, \quad \boldsymbol{a}_3 = \begin{pmatrix} -5 \\ 1 \\ 5 \\ 4 \end{pmatrix}$

(3) $\boldsymbol{a}_1 = \begin{pmatrix} 3 \\ 3 \\ 1 \\ 1 \end{pmatrix}, \quad \boldsymbol{a}_2 = \begin{pmatrix} 2 \\ 1 \\ 2 \\ 1 \end{pmatrix}, \quad \boldsymbol{a}_3 = \begin{pmatrix} -2 \\ 5 \\ 3 \\ 2 \end{pmatrix}, \quad \boldsymbol{a}_4 = \begin{pmatrix} 2 \\ -2 \\ -1 \\ -1 \end{pmatrix}$

例題 5.2.8 1次独立なベクトル u_1, u_2, u_3, u_4 とその 1 次結合で表されたベクトル

$$v_1 = u_1 - u_2 + u_3, v_2 = 2u_1 - u_2 + 6u_3 + u_4$$

$$v_3 = 2u_1 - 2u_2 + u_3 - u_4, v_4 = u_1 - u_3 + 3u_4$$

について，v_1, v_2, v_3, v_4 が 1 次独立か否かを判定せよ．

解答 方程式 $x_1 v_1 + x_2 v_2 + x_3 v_3 + x_4 v_4 = \mathbf{0}$ の解を調べる．v_1, v_2, v_3, v_4 は u_1, u_2, u_3, u_4 の 1 次結合で表されているので，

$$\mathbf{0} = x_1 v_1 + x_2 v_2 + x_3 v_3 + x_4 v_4$$

$$= (v_1 \ v_2 \ v_3 \ v_4) \begin{pmatrix} x_1 \\ x_2 \\ x_3 \\ x_4 \end{pmatrix}$$

$$= (u_1 \ u_2 \ u_3 \ u_4) \begin{pmatrix} 1 & 2 & 2 & 1 \\ -1 & -1 & -2 & 0 \\ 1 & 6 & 1 & -1 \\ 0 & 1 & -1 & 3 \end{pmatrix} \begin{pmatrix} x_1 \\ x_2 \\ x_3 \\ x_4 \end{pmatrix}$$

となる．ここで u_1, u_2, u_3, u_4 は 1 次独立なので，

$$\begin{pmatrix} 1 & 2 & 2 & 1 \\ -1 & -1 & -2 & 0 \\ 1 & 6 & 1 & -1 \\ 0 & 1 & -1 & 3 \end{pmatrix} \begin{pmatrix} x_1 \\ x_2 \\ x_3 \\ x_4 \end{pmatrix} = \begin{pmatrix} 0 \\ 0 \\ 0 \\ 0 \end{pmatrix}$$

である[注]．この連立 1 次方程式は自明な解しかもたない．したがって，v_1, v_2, v_3, v_4 は 1 次独立である．(もしこの連立 1 次方程式が非自明な解をもてば，v_1, v_2, v_3, v_4 は 1 次従属である．)　　□

注:

$$(u_1\ u_2\ u_3\ u_4)\begin{pmatrix} 1 & 2 & 2 & 1 \\ -1 & -1 & -2 & 0 \\ 3 & 6 & 1 & -1 \\ 0 & 1 & -1 & 3 \end{pmatrix}\begin{pmatrix} x_1 \\ x_2 \\ x_3 \\ x_4 \end{pmatrix}$$

$$= (u_1\ u_2\ u_3\ u_4)\begin{pmatrix} x_1 + 2x_2 + 2x_3 + x_4 \\ -x_1 - x_2 - 2x_3 \\ 3x_1 + 6x_2 + x_3 - x_4 \\ x_2 - x_3 + 3x_4 \end{pmatrix}$$

$$= (x_1 + 2x_2 + 2x_3 + x_4)u_1 + (-x_1 - x_2 - 2x_3)u_2$$
$$+ (3x_1 + 6x_2 + x_3 - x_4)u_3 + (x_2 - x_3 + 3x_4)u_4$$

なので,u_1, u_2, u_3, u_4 の 1 次独立性より,

$$x_1+2x_2+2x_3+x_4 = -x_1-x_2-2x_3 = 3x_1+6x_2+x_3-x_4 = x_2-x_3+3x_4 = 0$$

つまり,以下の連立 1 次方程式が成立する.

$$\begin{cases} x_1 + 2x_2 + 2x_3 + x_4 = 0 \\ -x_1 - x_2 - 2x_3 = 0 \\ 3x_1 + 6x_2 + x_3 - x_4 = 0 \\ x_2 - x_3 + 3x_4 = 0 \end{cases}$$

問題 5.2.9 u_1, u_2, u_3, u_4 が 1 次独立のとき,以下の各ベクトルの組が 1 次独立か否かを判定せよ.

(1) $v_1 = u_2 + 3u_4,\ v_2 = u_1 + 2u_2 - u_3 + u_4,\ v_3 = -u_1 + 3u_2 + 4u_4$
   $v_4 = -3u_1 - 2u_2 + u_3 - 11u_4$

(2) $v_1 = u_1 + 2u_2 + 2u_3 + u_4,\ v_2 = -u_1 - u_2 - 2u_3$
   $v_3 = 3u_1 + 6u_2 + u_3 - u_4,\ v_4 = u_2 - u_3 + 2u_4$

5.3 ベクトルの最大独立個数

定義 5.3.1 (最大独立個数) ベクトルの集合 S の中に r 個の 1 次独立なベクトルがあり，$r+1$ 個の 1 次独立なベクトルが存在しない場合，r を S の**最大独立個数**と呼ぶ．

命題 5.3.2 以下の (1), (2) は同値である．
(1) ベクトルの集合 S の最大独立個数が r である．
(2) ベクトルの集合 S の中に r 個の 1 次独立なベクトルがあり，他のベクトルはこれら r 個のベクトルの 1 次結合で表せる．

例題 5.3.3 次のベクトルの最大独立個数 r と r 個の 1 次独立なベクトルを 1 組求め，他のベクトルをこれらの 1 次結合で表せ．

$$\boldsymbol{a}_1 = \begin{pmatrix} 1 \\ 1 \\ 3 \\ 0 \end{pmatrix}, \ \boldsymbol{a}_2 = \begin{pmatrix} 1 \\ 2 \\ 0 \\ -1 \end{pmatrix}, \ \boldsymbol{a}_3 = \begin{pmatrix} 1 \\ 3 \\ -3 \\ -2 \end{pmatrix}, \ \boldsymbol{a}_4 = \begin{pmatrix} -2 \\ -4 \\ 1 \\ -1 \end{pmatrix}, \ \boldsymbol{a}_5 = \begin{pmatrix} -1 \\ -4 \\ 7 \\ 0 \end{pmatrix}$$

解答 $A = (\boldsymbol{a}_1 \ \boldsymbol{a}_2 \ \boldsymbol{a}_3 \ \boldsymbol{a}_4 \ \boldsymbol{a}_5)$ とおき，その簡約行列を $B = (\boldsymbol{b}_1 \ \boldsymbol{b}_2 \ \boldsymbol{b}_3 \ \boldsymbol{b}_4 \ \boldsymbol{b}_5)$ とする．変数 x_1, x_2, x_3, x_4, x_5 に対して，以下

$$A \begin{pmatrix} x_1 \\ x_2 \\ x_3 \\ x_4 \\ x_5 \end{pmatrix} = \boldsymbol{0} \Leftrightarrow B \begin{pmatrix} x_1 \\ x_2 \\ x_3 \\ x_4 \\ x_5 \end{pmatrix} = \boldsymbol{0}$$

が成立する．つまり

$$x_1\boldsymbol{a}_1+x_2\boldsymbol{a}_2+x_3\boldsymbol{a}_3+x_4\boldsymbol{a}_4+x_5\boldsymbol{a}_5=\boldsymbol{0} \Leftrightarrow x_1\boldsymbol{b}_1+x_2\boldsymbol{b}_2+x_3\boldsymbol{b}_3+x_4\boldsymbol{b}_4+x_5\boldsymbol{b}_5=\boldsymbol{0}$$

が成立する．ここで，

$$B = (\boldsymbol{b}_1\ \boldsymbol{b}_2\ \boldsymbol{b}_3\ \boldsymbol{b}_4\ \boldsymbol{b}_5) = \begin{pmatrix} 1 & 0 & -1 & 0 & 2 \\ 0 & 1 & 2 & 0 & -1 \\ 0 & 0 & 0 & 1 & 1 \\ 0 & 0 & 0 & 0 & 0 \end{pmatrix}$$

なので，$\boldsymbol{b}_1, \boldsymbol{b}_2, \boldsymbol{b}_4$ は1次独立で，$\boldsymbol{b}_3 = -\boldsymbol{b}_1 + 2\boldsymbol{b}_2,\ \boldsymbol{b}_5 = 2\boldsymbol{b}_1 - \boldsymbol{b}_2 + \boldsymbol{b}_4$ と表せる．したがって $\boldsymbol{a}_1, \boldsymbol{a}_2, \boldsymbol{a}_4$ は1次独立で，$\boldsymbol{a}_3 = -\boldsymbol{a}_1 + 2\boldsymbol{a}_2,\ \boldsymbol{a}_5 = 2\boldsymbol{a}_1 - \boldsymbol{a}_2 + \boldsymbol{a}_4$ と表せる．また，命題6.3.2より $r=3$ である． □

問題 5.3.4 次の各組のベクトルの最大独立個数 r と r 個の1次独立なベクトルを1組求め，他のベクトルをこれらの1次結合で表せ．

(1) $\boldsymbol{a}_1 = \begin{pmatrix} 1 \\ 4 \\ 4 \\ -2 \end{pmatrix},\ \boldsymbol{a}_2 = \begin{pmatrix} 0 \\ 2 \\ 1 \\ -1 \end{pmatrix},\ \boldsymbol{a}_3 = \begin{pmatrix} 3 \\ 10 \\ 11 \\ -5 \end{pmatrix},\ \boldsymbol{a}_4 = \begin{pmatrix} 1 \\ 1 \\ 3 \\ 0 \end{pmatrix},\ \boldsymbol{a}_5 = \begin{pmatrix} 0 \\ 1 \\ 1 \\ 0 \end{pmatrix}$

(2) $\boldsymbol{a}_1 = \begin{pmatrix} 0 \\ -1 \\ -2 \\ 0 \end{pmatrix},\ \boldsymbol{a}_2 = \begin{pmatrix} 3 \\ 1 \\ -1 \\ 0 \end{pmatrix},\ \boldsymbol{a}_3 = \begin{pmatrix} 3 \\ -1 \\ -5 \\ 0 \end{pmatrix},\ \boldsymbol{a}_4 = \begin{pmatrix} 3 \\ 0 \\ -3 \\ 0 \end{pmatrix},\ \boldsymbol{a}_5 = \begin{pmatrix} 1 \\ 0 \\ -1 \\ 2 \end{pmatrix}$

5.4 ベクトル空間の基底と次元

定義 5.4.1 ベクトル空間 $\mathbb{V}$ ($\mathbb{R}^m$ あるいはその部分空間) のベクトル $\boldsymbol{u}_1, \boldsymbol{u}_2, \cdots, \boldsymbol{u}_n$ が $\mathbb{V}$ を生成するとは，$\mathbb{V}$ の任意のベクトルが $\boldsymbol{u}_1, \boldsymbol{u}_2, \cdots, \boldsymbol{u}_n$ の1次結合で表せるときをいう．

定義 5.4.2 (基底) ベクトル空間 $\mathbb{V}$ のベクトルの集合 $\{\boldsymbol{u}_1, \boldsymbol{u}_2, \cdots, \boldsymbol{u}_n\}$ が

$\mathbb{V}$ の**基底**であるとは，次の 2 つの条件を満たすときをいう．
(1) $\boldsymbol{u}_1, \boldsymbol{u}_2, \cdots, \boldsymbol{u}_n$ は 1 次独立である．
(2) $\boldsymbol{u}_1, \boldsymbol{u}_2, \cdots, \boldsymbol{u}_n$ は $\mathbb{V}$ を生成する．

例 5.4.3 $\mathbb{R}^n$ の基本ベクトルの集合 $\{\boldsymbol{e}_1, \boldsymbol{e}_2, \cdots, \boldsymbol{e}_n\}$ は $\mathbb{R}^n$ の基底である．これを $\mathbb{R}^n$ の**標準基底**と呼ぶ．

命題 5.4.4 ベクトル空間 $\mathbb{V}$ の基底に含まれるベクトルの個数は，基底の選び方によらず一定である．

定義 5.4.5 (次元) ベクトル空間 $\mathbb{V}$ の基底に含まれるベクトルの個数を $\mathbb{V}$ の**次元**と呼び，$\dim(\mathbb{V})$ で表す．ただし零ベクトル空間の次元は 0 と定める．

例 5.4.6 $\mathbb{R}^n$ の基本ベクトルの集合 $\{\boldsymbol{e}_1, \boldsymbol{e}_2, \cdots, \boldsymbol{e}_n\}$ は $\mathbb{R}^n$ の基底であるので，$\dim(\mathbb{R}^n) = n$ である．

ベクトル空間 $\mathbb{V}$ のベクトル $\boldsymbol{u}_1, \boldsymbol{u}_2, \cdots, \boldsymbol{u}_m$ の 1 次結合全体の集合

$$\mathbb{W} = \{c_1 \boldsymbol{u}_1 + c_2 \boldsymbol{u}_2 + \cdots + c_m \boldsymbol{u}_m \mid c_1, c_2, \cdots, c_m \in \mathbb{R}\}$$

は $\mathbb{V}$ の部分空間である．この $\mathbb{W}$ を $\boldsymbol{u}_1, \boldsymbol{u}_2, \cdots, \boldsymbol{u}_m$ で**生成される** (または，**張られる**) $\mathbb{V}$ の部分空間といい，$\langle \boldsymbol{u}_1, \boldsymbol{u}_2, \cdots, \boldsymbol{u}_m \rangle$ で表す．特に $\{\boldsymbol{u}_1, \boldsymbol{u}_2, \cdots, \boldsymbol{u}_m\}$ が $\mathbb{V}$ の基底ならば $\mathbb{V} = \langle \boldsymbol{u}_1, \boldsymbol{u}_2, \cdots, \boldsymbol{u}_m \rangle$ である．

命題 5.4.7 ベクトル $\boldsymbol{u}_1, \boldsymbol{u}_2, \cdots, \boldsymbol{u}_m$ に対し以下が成立する．

$$\dim(\langle \boldsymbol{u}_1, \boldsymbol{u}_2, \cdots, \boldsymbol{u}_m \rangle) = \boldsymbol{u}_1, \boldsymbol{u}_2, \cdots, \boldsymbol{u}_m \text{ の最大独立個数}$$

例題 5.4.8 例題 5.3.3 のベクトル $\boldsymbol{a}_1, \boldsymbol{a}_2, \boldsymbol{a}_3, \boldsymbol{a}_4, \boldsymbol{a}_5$ で生成される $\mathbb{R}^4$ の部分空間 $\mathbb{V} = \langle \boldsymbol{a}_1, \boldsymbol{a}_2, \boldsymbol{a}_3, \boldsymbol{a}_4, \boldsymbol{a}_5 \rangle$ の次元と 1 組の基底を求めよ．

解答 例題 5.3.3 より，$\boldsymbol{a}_3, \boldsymbol{a}_5$ は $\boldsymbol{a}_1, \boldsymbol{a}_2, \boldsymbol{a}_4$ の 1 次結合で書けているので，$\boldsymbol{a}_1, \boldsymbol{a}_2, \boldsymbol{a}_4$ は $\mathbb{V}$ を生成する．さらに $\boldsymbol{a}_1, \boldsymbol{a}_2, \boldsymbol{a}_4$ は 1 次独立なので，$\mathbb{V}$ の基底である．したがって，$\dim(\mathbb{V}) = 3$ で $\{\boldsymbol{a}_1, \boldsymbol{a}_2, \boldsymbol{a}_4\}$ は $\mathbb{V}$ の基底である． □

問題 5.4.9 問題 5.3.4 のベクトル a_1, a_2, a_3, a_4, a_5 に対し，$\mathbb{V} = \langle a_1, a_2, a_3, a_4, a_5 \rangle$ の次元と 1 組の基底を求めよ．

命題 5.4.10 $\mathbb{W}_1, \mathbb{W}_2$ が $\mathbb{R}^n$ の部分空間ならば，次が成立する．
(1) $\mathbb{W}_1 \cap \mathbb{W}_2$ は $\mathbb{R}^n$ の部分空間である．
(2) $\mathbb{W}_1 + \mathbb{W}_2 = \{u_1 + u_2 \mid u_1 \in \mathbb{W}_1, u_2 \in \mathbb{W}_2\}$ は $\mathbb{R}^n$ の部分空間である．

例題 5.4.11 次のベクトル a_1, a_2, b_1, b_2, b_3 に対し，次の各問に答えよ．
(1) $\langle a_1, a_2 \rangle \cap \langle b_1, b_2, b_3 \rangle$ の 1 組の基底と次元を求めよ．
(2) $\langle a_1, a_2 \rangle + \langle b_1, b_2, b_3 \rangle$ の 1 組の基底と次元を求めよ．

$$a_1 = \begin{pmatrix} 1 \\ 1 \\ 3 \\ 0 \end{pmatrix}, \quad a_2 = \begin{pmatrix} 1 \\ 2 \\ 0 \\ -1 \end{pmatrix}, \quad b_1 = \begin{pmatrix} 1 \\ 3 \\ -3 \\ -2 \end{pmatrix}, \quad b_2 = \begin{pmatrix} -2 \\ -4 \\ 1 \\ -1 \end{pmatrix}, \quad b_3 = \begin{pmatrix} -1 \\ -4 \\ 7 \\ 0 \end{pmatrix}$$

解答 (1) ベクトル $v \in \langle a_1, a_2 \rangle \cap \langle b_1, b_2, b_3 \rangle$ は

$$v = x_1 a_1 + x_2 a_2 = y_1 b_1 + y_2 b_2 + y_3 b_3$$

とかける．連立 1 次方程式

$$x_1 a_1 + x_2 a_2 - y_1 b_1 - y_2 b_2 - y_3 b_3 = \mathbf{0}$$

を解くと

$$\begin{pmatrix} x_1 \\ x_2 \\ y_1 \\ y_2 \\ y_3 \end{pmatrix} = t \begin{pmatrix} 1 \\ -2 \\ -1 \\ 0 \\ 0 \end{pmatrix} + s \begin{pmatrix} -2 \\ 1 \\ 0 \\ 1 \\ -1 \end{pmatrix} \qquad (s, t \in \mathbb{R})$$

したがって

5.4 ベクトル空間の基底と次元

$$\boldsymbol{v} = (t-2s)\boldsymbol{a}_1 + (-2t+s)\boldsymbol{a}_2 = t(\boldsymbol{a}_1 - 2\boldsymbol{a}_2) + s(-2\boldsymbol{a}_1 + \boldsymbol{a}_2)$$

つまり

$$\langle \boldsymbol{a}_1, \boldsymbol{a}_2 \rangle \cap \langle \boldsymbol{b}_1, \boldsymbol{b}_2, \boldsymbol{b}_3 \rangle = \{t(\boldsymbol{a}_1 - 2\boldsymbol{a}_2) + s(-2\boldsymbol{a}_1 + \boldsymbol{a}_2) \mid s, t \in \mathbb{R}\}$$
$$= \langle \boldsymbol{a}_1 - 2\boldsymbol{a}_2, -2\boldsymbol{a}_1 + \boldsymbol{a}_2 \rangle$$

が成立する．明らかに $\langle \boldsymbol{a}_1, \boldsymbol{a}_2 \rangle \cap \langle \boldsymbol{b}_1, \boldsymbol{b}_2, \boldsymbol{b}_3 \rangle$ は

$$\boldsymbol{a}_1 - 2\boldsymbol{a}_2 = \begin{pmatrix} -1 \\ -3 \\ 3 \\ 2 \end{pmatrix}, \quad -2\boldsymbol{a}_1 + \boldsymbol{a}_2 = \begin{pmatrix} -1 \\ 0 \\ -6 \\ -1 \end{pmatrix}$$

で生成される．さらに次の連立 1 次方程式

$$x \begin{pmatrix} -1 \\ -3 \\ 3 \\ 2 \end{pmatrix} + y \begin{pmatrix} -1 \\ 0 \\ -6 \\ -1 \end{pmatrix} = \begin{pmatrix} 0 \\ 0 \\ 0 \\ 0 \end{pmatrix}$$

を解くと，自明な解しか持たないことが確かめられる．(もし非自明な解を持つときは，例題 5.4.8 と同様にして基底を求める．) したがって

$$\left\{ \begin{pmatrix} -1 \\ -3 \\ 3 \\ 2 \end{pmatrix}, \begin{pmatrix} -1 \\ 0 \\ -6 \\ -1 \end{pmatrix} \right\}$$

は $\langle \boldsymbol{a}_1, \boldsymbol{a}_2 \rangle \cap \langle \boldsymbol{b}_1, \boldsymbol{b}_2, \boldsymbol{b}_3 \rangle$ の基底であり，次元は 2 である．

(2) ベクトル $\boldsymbol{u}_1 + \boldsymbol{u}_2 \in \langle \boldsymbol{a}_1, \boldsymbol{a}_2 \rangle + \langle \boldsymbol{b}_1, \boldsymbol{b}_2, \boldsymbol{b}_3 \rangle$ は

$$\boldsymbol{u}_1 + \boldsymbol{u}_2 = (x_1 \boldsymbol{a}_1 + x_2 \boldsymbol{a}_2) + (y_1 \boldsymbol{b}_1 + y_2 \boldsymbol{b}_2 + y_3 \boldsymbol{b}_3)$$

と表せるので

$$\langle \boldsymbol{a}_1, \boldsymbol{a}_2 \rangle + \langle \boldsymbol{b}_1, \boldsymbol{b}_2, \boldsymbol{b}_3 \rangle = \langle \boldsymbol{a}_1, \boldsymbol{a}_2, \boldsymbol{b}_1, \boldsymbol{b}_2, \boldsymbol{b}_3 \rangle$$

が成立する．例題 5.4.8 と同様にして $\langle \boldsymbol{a}_1, \boldsymbol{a}_2, \boldsymbol{b}_1, \boldsymbol{b}_2, \boldsymbol{b}_3 \rangle$ の基底を求めると $\{\boldsymbol{a}_1, \boldsymbol{a}_2, \boldsymbol{b}_2\}$ が得られ，次元は 3 になる． □

問題 5.4.12 ベクトル

$$\boldsymbol{a}_1 = \begin{pmatrix} 3 \\ 4 \\ 1 \\ 2 \end{pmatrix}, \boldsymbol{a}_2 = \begin{pmatrix} 1 \\ 2 \\ 0 \\ 1 \end{pmatrix}, \boldsymbol{a}_3 = \begin{pmatrix} 8 \\ 10 \\ 3 \\ 5 \end{pmatrix}, \boldsymbol{a}_4 = \begin{pmatrix} 2 \\ 1 \\ 1 \\ 1 \end{pmatrix}, \boldsymbol{a}_5 = \begin{pmatrix} 1 \\ 1 \\ 0 \\ 1 \end{pmatrix}$$

に対し，次の各ベクトル空間の 1 組の基底と次元を求めよ．

(1) $\langle \boldsymbol{a}_1, \boldsymbol{a}_2 \rangle \cap \langle \boldsymbol{a}_3, \boldsymbol{a}_4, \boldsymbol{a}_5 \rangle$

(2) $\langle \boldsymbol{a}_1, \boldsymbol{a}_2, \boldsymbol{a}_3 \rangle \cap \langle \boldsymbol{a}_4, \boldsymbol{a}_5 \rangle$

(3) $\langle \boldsymbol{a}_1, \boldsymbol{a}_2, \boldsymbol{a}_3 \rangle + \langle \boldsymbol{a}_4, \boldsymbol{a}_5 \rangle$

(4) $(\langle \boldsymbol{a}_1 \rangle + \langle \boldsymbol{a}_2, \boldsymbol{a}_3 \rangle) \cap (\langle \boldsymbol{a}_4 \rangle + \langle \boldsymbol{a}_5 \rangle)$

例題 5.4.13 次の解空間の次元と 1 組の基底を求めよ．

$$\mathbb{V} = \left\{ \boldsymbol{x} = \begin{pmatrix} x_1 \\ x_2 \\ x_3 \\ x_4 \\ x_5 \end{pmatrix} \in \mathbb{R}^5 \;\middle|\; \begin{array}{l} x_1 - 2x_2 + x_3 + 2x_4 + 3x_5 = 0 \\ 2x_1 - 4x_2 + 3x_3 + 3x_4 + 8x_5 = 0 \end{array} \right\}$$

解答 連立 1 次方程式を解いて，解を求めると

$$\boldsymbol{x} = \begin{pmatrix} 2c_1 - 3c_2 - c_3 \\ c_1 \\ c_2 - 2c_3 \\ c_2 \\ c_3 \end{pmatrix}$$

$$= c_1 \begin{pmatrix} 2 \\ 1 \\ 0 \\ 0 \\ 0 \end{pmatrix} + c_2 \begin{pmatrix} -3 \\ 0 \\ 1 \\ 1 \\ 0 \end{pmatrix} + c_3 \begin{pmatrix} -1 \\ 0 \\ -2 \\ 0 \\ 1 \end{pmatrix} \quad (c_1, c_2, c_3 \in \mathbb{R})$$

となる．つまり

$$\mathbb{V} = \left\{ c_1 \begin{pmatrix} 2 \\ 1 \\ 0 \\ 0 \\ 0 \end{pmatrix} + c_2 \begin{pmatrix} -3 \\ 0 \\ 1 \\ 1 \\ 0 \end{pmatrix} + c_3 \begin{pmatrix} -1 \\ 0 \\ -2 \\ 0 \\ 1 \end{pmatrix} \middle| c_1, c_2, c_3 \in \mathbb{R} \right\}$$

3つのベクトル

$$\begin{pmatrix} 2 \\ 1 \\ 0 \\ 0 \\ 0 \end{pmatrix}, \begin{pmatrix} -3 \\ 0 \\ 1 \\ 1 \\ 0 \end{pmatrix}, \begin{pmatrix} -1 \\ 0 \\ -2 \\ 0 \\ 1 \end{pmatrix}$$

が解空間を生成するのは明らかであり，1次独立であることも容易に確かめられるので，これらは $\mathbb{V}$ の基底であり，$\dim(\mathbb{V}) = 3$ である． □

問題 5.4.14 次の各解空間の次元と1組の基底を求めよ．

(1) $\mathbb{V} = \left\{ \boldsymbol{x} = \begin{pmatrix} x_1 \\ x_2 \\ x_3 \\ x_4 \\ x_5 \end{pmatrix} \in \mathbb{R}^5 \, \middle| \, \begin{matrix} 2x_1 + 2x_3 + x_4 + 3x_5 = 0 \\ x_1 + 2x_2 + x_3 - x_4 + 3x_5 = 0 \\ x_1 - x_2 + x_3 + 2x_5 = 0 \end{matrix} \right\}$

(2) $\mathbb{V} = \left\{ \boldsymbol{x} = \begin{pmatrix} x_1 \\ x_2 \\ x_3 \\ x_4 \end{pmatrix} \in \mathbb{R}^4 \, \middle| \, \begin{matrix} 4x_1 + 2x_2 + x_3 = 0 \\ 3x_1 + x_2 + 2x_3 - x_4 = 0 \end{matrix} \right\}$

例題 5.4.15 解空間 $\mathbb{V}_1, \mathbb{V}_2$ に対し，次の各問に答えよ．
(1) $\mathbb{V}_1 \cap \mathbb{V}_2$ の次元と1組の基底を求めよ．
(2) $\mathbb{V}_1 + \mathbb{V}_2$ の次元と1組の基底を求めよ．

$$\mathbb{V}_1 = \left\{ \boldsymbol{x} = \begin{pmatrix} x_1 \\ x_2 \\ x_3 \\ x_4 \end{pmatrix} \in \mathbb{R}^4 \, \middle| \, x_1 - 2x_2 + x_3 + 2x_4 = 0 \right\}$$

$$\mathbb{V}_2 = \left\{ \boldsymbol{x} = \begin{pmatrix} x_1 \\ x_2 \\ x_3 \\ x_4 \end{pmatrix} \in \mathbb{R}^4 \, \middle| \, 2x_1 - 4x_2 + 3x_3 + 3x_4 = 0 \right\}$$

解答 (1) 明らかに

$$\mathbb{V}_1 \cap \mathbb{V}_2 = \left\{ \boldsymbol{x} = \begin{pmatrix} x_1 \\ x_2 \\ x_3 \\ x_4 \end{pmatrix} \in \mathbb{R}^4 \;\middle|\; \begin{array}{l} x_1 - 2x_2 + x_3 + 2x_4 = 0 \\ 2x_1 - 4x_2 + 3x_3 + 3x_4 = 0 \end{array} \right\}$$

が成立する．例題 5.4.13 と同様に解空間を求めると，1 組の基底は

$$\left\{ \begin{pmatrix} 2 \\ 1 \\ 0 \\ 0 \end{pmatrix}, \begin{pmatrix} -3 \\ 0 \\ 1 \\ 1 \end{pmatrix} \right\}$$

であり，$\dim(\mathbb{V}_1 \cap \mathbb{V}_2) = 2$ である．

(2) 解空間 $\mathbb{V}_1, \mathbb{V}_2$ をそれぞれ求めると

$$\mathbb{V}_1 = \left\{ c_1 \begin{pmatrix} 2 \\ 1 \\ 0 \\ 0 \end{pmatrix} + c_2 \begin{pmatrix} -1 \\ 0 \\ 1 \\ 0 \end{pmatrix} + c_3 \begin{pmatrix} -2 \\ 0 \\ 0 \\ 1 \end{pmatrix} \;\middle|\; c_1, c_2, c_3 \in \mathbb{R} \right\}$$

$$\mathbb{V}_2 = \left\{ b_1 \begin{pmatrix} 2 \\ 1 \\ 0 \\ 0 \end{pmatrix} + b_2 \begin{pmatrix} -3/2 \\ 0 \\ 1 \\ 0 \end{pmatrix} + b_3 \begin{pmatrix} -3/2 \\ 0 \\ 0 \\ 1 \end{pmatrix} \;\middle|\; b_1, b_2, b_3 \in \mathbb{R} \right\}$$

したがって

$$\mathbb{V}_1 + \mathbb{V}_2$$
$$= \left\langle \begin{pmatrix} 2 \\ 1 \\ 0 \\ 0 \end{pmatrix}, \begin{pmatrix} -1 \\ 0 \\ 1 \\ 0 \end{pmatrix}, \begin{pmatrix} -2 \\ 0 \\ 0 \\ 1 \end{pmatrix}, \begin{pmatrix} -3/2 \\ 0 \\ 1 \\ 0 \end{pmatrix}, \begin{pmatrix} -3/2 \\ 0 \\ 0 \\ 1 \end{pmatrix} \right\rangle$$

例題 5.4.8 と同様にすると，1 組の基底は

$$\left\{ \begin{pmatrix} 2 \\ 1 \\ 0 \\ 0 \end{pmatrix}, \begin{pmatrix} -1 \\ 0 \\ 1 \\ 0 \end{pmatrix}, \begin{pmatrix} -2 \\ 0 \\ 0 \\ 1 \end{pmatrix}, \begin{pmatrix} -3/2 \\ 0 \\ 1 \\ 0 \end{pmatrix} \right\}$$

で次元は 4 である． □

問題 5.4.16 次の解空間 $\mathbb{V}_1, \mathbb{V}_2, \mathbb{V}_3$ に対し，ベクトル空間

(1) $\mathbb{V}_1 \cap \mathbb{V}_2$, (2) $\mathbb{V}_1 \cap \mathbb{V}_3$, (3) $(\mathbb{V}_1 \cap \mathbb{V}_2) + (\mathbb{V}_1 \cap \mathbb{V}_3)$

の次元と 1 組の基底をそれぞれ求めよ．

$$\mathbb{V}_1 = \left\{ \boldsymbol{x} = \begin{pmatrix} x_1 \\ x_2 \\ x_3 \\ x_4 \end{pmatrix} \in \mathbb{R}^4 \; \middle| \; x_1 + x_2 + x_3 + x_4 = 0 \right\}$$

$$\mathbb{V}_2 = \left\{ \boldsymbol{x} = \begin{pmatrix} x_1 \\ x_2 \\ x_3 \\ x_4 \end{pmatrix} \in \mathbb{R}^4 \; \middle| \; 2x_1 + x_2 + 2x_3 - x_4 = 0 \right\}$$

$$\mathbb{V}_3 = \left\{ \boldsymbol{x} = \begin{pmatrix} x_1 \\ x_2 \\ x_3 \\ x_4 \end{pmatrix} \in \mathbb{R}^4 \; \middle| \; x_1 - x_2 + x_3 = 0 \right\}$$

章 末 問 題

5.1 $\mathbb{W}_1, \mathbb{W}_2$ が $\mathbb{R}^n$ の部分空間ならば，$\mathbb{W}_1 \cap \mathbb{W}_2$ も $\mathbb{R}^n$ の部分空間である

ことを示せ.

5.2 $\mathbb{W}_1, \mathbb{W}_2$ が $\mathbb{R}^n$ の部分空間ならば,$\mathbb{W}_1 + \mathbb{W}_2$ も $\mathbb{R}^n$ の部分空間であることを示せ.

5.3 $\mathbb{W}_1, \mathbb{W}_2$ が $\mathbb{R}^n$ の部分空間であっても $\mathbb{W}_1 \cup \mathbb{W}_2$ は必ずしも $\mathbb{R}^n$ の部分空間にはならないことを示せ.

5.4 $u_1, u_2, \cdots, u_n$ が 1 次独立で,ベクトル u がそれらの 1 次結合 $c_1 u_1 + c_2 u_2 + \cdots + c_n u_n$ で表せるならば,その係数 $c_1, c_2, \cdots, c_n$ はただ 1 通りであることを示せ.

5.5 ベクトル $u_1, u_2, \cdots, u_n$ が 1 次独立で,$u, u_1, u_2, \cdots, u_n$ が 1 次従属ならば,u は $u_1, u_2, \cdots, u_n$ の 1 次結合で表せることを示せ.

5.6 2 つのベクトルの組 $v_1, v_2, \cdots, v_l$,$u_1, u_2, \cdots, u_m$ $(l > m)$ に対し,$v_1, v_2, \cdots, v_l$ の各ベクトルは $u_1, u_2, \cdots, u_m$ の 1 次結合で表せるならば,$v_1, v_2, \cdots, v_l$ は 1 次従属であることを示せ.

5.7 $\mathbb{R}^n$ の部分空間 $\mathbb{W}_1, \mathbb{W}_2$ に対し,$\mathbb{W}_1 \cap \mathbb{W}_2 = \{\mathbf{0}\}$ ならば

$$\dim(\mathbb{W}_1 + \mathbb{W}_2) = \dim(\mathbb{W}_1) + \dim(\mathbb{W}_2)$$

が成立することを示せ.

6

線 形 写 像

6.1 線 形 写 像

定義 6.1.1 (線形写像) ベクトル空間 $\mathbb{V}$ から $\mathbb{W}$ への写像 $T : \mathbb{V} \longrightarrow \mathbb{W}$ が次の条件

(1) $T(\boldsymbol{x}+\boldsymbol{y}) = T(\boldsymbol{x}) + T(\boldsymbol{y})$ 　　$(\boldsymbol{x}, \boldsymbol{y} \in \mathbb{V})$
(2) $T(c\boldsymbol{x}) = cT(\boldsymbol{x})$ 　　$(\boldsymbol{x} \in \mathbb{V}, c \in \mathbb{R})$

を満たすとき，T を **線形写像** と呼ぶ．

例 6.1.2 $n \times m$ 行列 A に対し，写像 $T_A : \mathbb{R}^n \longrightarrow \mathbb{R}^m$ を以下

$$T_A(\boldsymbol{x}) = A\boldsymbol{x} \quad (\boldsymbol{x} \in \mathbb{R}^n)$$

で定義すると，T_A は線形写像になる．これを **行列 A によって定義される線形写像** と呼ぶ．

例題 6.1.3 次の行列 A とベクトル $\boldsymbol{a}$ に対し，$T_A(\boldsymbol{a})$ を求めよ．

$$A = \begin{pmatrix} 1 & -2 & 0 & 3 \\ 2 & -3 & 1 & 4 \\ 0 & -1 & 2 & 1 \end{pmatrix}, \quad \boldsymbol{a} = \begin{pmatrix} -1 \\ 2 \\ 1 \\ 3 \end{pmatrix}$$

解答 定義より

$$T(\boldsymbol{a}) = A\boldsymbol{a} = \begin{pmatrix} 1 & -2 & 0 & 3 \\ 2 & -3 & 1 & 4 \\ 0 & -1 & 2 & 1 \end{pmatrix} \begin{pmatrix} -1 \\ 2 \\ 1 \\ 3 \end{pmatrix} = \begin{pmatrix} 4 \\ 5 \\ 3 \end{pmatrix} \qquad \square$$

問題 6.1.4 次の行列 A とベクトル $\boldsymbol{a}$ に対し，$T_A(\boldsymbol{a})$ を求めよ．

(1) $A = \begin{pmatrix} -2 & -1 & 3 \\ -5 & -3 & 4 \end{pmatrix}$, $\boldsymbol{a} = \begin{pmatrix} -1 \\ 0 \\ 1 \end{pmatrix}$

(2) $A = \begin{pmatrix} 1 & -2 & 0 \\ 2 & -3 & 1 \\ 0 & -1 & 2 \end{pmatrix}$, $\boldsymbol{a} = \begin{pmatrix} a_1 \\ a_2 \\ a_3 \end{pmatrix}$

例題 6.1.5 次の写像 f が線形写像か否かを判定せよ．

(1) $f : \mathbb{R}^2 \longrightarrow \mathbb{R}^2$, $f\left(\begin{pmatrix} x_1 \\ x_2 \end{pmatrix}\right) = \begin{pmatrix} x_1 + x_2 \\ 2x_1 - x_2 \end{pmatrix}$

(2) $f : \mathbb{R}^2 \longrightarrow \mathbb{R}$, $f\left(\begin{pmatrix} x_1 \\ x_2 \end{pmatrix}\right) = x_1 x_2$

(3) $f : \mathbb{R}^2 \longrightarrow \mathbb{R}$, $f\left(\begin{pmatrix} x_1 \\ x_2 \end{pmatrix}\right) = x_1 + x_2 + 1$

解答 (1)

$$f\left(\begin{pmatrix} x_1 \\ x_2 \end{pmatrix} + \begin{pmatrix} y_1 \\ y_2 \end{pmatrix}\right) = f\begin{pmatrix} x_1 + y_1 \\ x_2 + y_2 \end{pmatrix}$$
$$= \begin{pmatrix} (x_1 + y_1) + (x_2 + y_2) \\ 2(x_1 + y_1) - (x_2 + y_2) \end{pmatrix} = \begin{pmatrix} (x_1 + x_2) + (y_1 + y_2) \\ (2x_1 - x_2) + (2y_1 - y_2) \end{pmatrix}$$

$$= \begin{pmatrix} x_1 + x_2 \\ 2x_1 - x_2 \end{pmatrix} + \begin{pmatrix} y_1 + y_2 \\ 2y_1 - y_2 \end{pmatrix} = f\left(\begin{pmatrix} x_1 \\ x_2 \end{pmatrix}\right) + f\left(\begin{pmatrix} y_1 \\ y_2 \end{pmatrix}\right)$$

$$f\left(c\begin{pmatrix} x_1 \\ x_2 \end{pmatrix}\right) = f\begin{pmatrix} cx_1 \\ cx_2 \end{pmatrix} = \begin{pmatrix} cx_1 + cx_2 \\ 2cx_1 - cx_2 \end{pmatrix}$$

$$= c\begin{pmatrix} x_1 + x_2 \\ 2x_1 - x_2 \end{pmatrix} = cf\left(\begin{pmatrix} x_1 \\ x_2 \end{pmatrix}\right)$$

したがって, f は線形写像である.

(2)
$$f\left(2\begin{pmatrix} 1 \\ 1 \end{pmatrix}\right) = f\left(\begin{pmatrix} 2 \\ 2 \end{pmatrix}\right) = 4 \neq 2 = 2f\left(\begin{pmatrix} 1 \\ 1 \end{pmatrix}\right)$$

したがって, f は線形写像でない.

(3)
$$f\left(0\begin{pmatrix} 1 \\ 1 \end{pmatrix}\right) = f\begin{pmatrix} 0 \\ 0 \end{pmatrix} = 1 \neq 0 = 0(1+1+1) = 0f\left(\begin{pmatrix} 1 \\ 1 \end{pmatrix}\right)$$

したがって, f は線形写像でない. □

問題 6.1.6 次の写像 f が線形写像か否かを判定せよ.

(1) $f : \mathbb{R}^2 \longrightarrow \mathbb{R}^2$, $f\left(\begin{pmatrix} x_1 \\ x_2 \end{pmatrix}\right) = \begin{pmatrix} 2x_1 - 3x_2 \\ x_1 + 2x_2 \end{pmatrix}$

(2) $f : \mathbb{R}^2 \longrightarrow \mathbb{R}^2$, $f\left(\begin{pmatrix} x_1 \\ x_2 \end{pmatrix}\right) = \begin{pmatrix} 2x_1^2 \\ -x_1 + x_2 \end{pmatrix}$

(3) $f : \mathbb{R}^2 \longrightarrow \mathbb{R}^2$, $f\left(\begin{pmatrix} x_1 \\ x_2 \end{pmatrix}\right) = \begin{pmatrix} 2x_1 \\ 2 \end{pmatrix}$

(4) $f : \mathbb{R}^3 \longrightarrow \mathbb{R}$, $f\left(\begin{pmatrix} x_1 \\ x_2 \\ x_3 \end{pmatrix}\right) = x_1 + x_2 + x_3$

定義 6.1.7 (像，核)　線形写像 $T: \mathbb{V} \longrightarrow \mathbb{W}$ 対し，$\mathbb{W}$ の部分集合

$$\mathrm{im}(T) = \{\boldsymbol{y} \in \mathbb{W} \mid \boldsymbol{y} = T(\boldsymbol{x}),\ \boldsymbol{x} \in \mathbb{V}\} = \{T(\boldsymbol{x}) \mid \boldsymbol{x} \in \mathbb{V}\}$$

を T の像，$\mathbb{V}$ の部分集合

$$\ker(T) = \{\boldsymbol{x} \mid T(\boldsymbol{x}) = \boldsymbol{0}\}$$

を T の核と呼ぶ．$\mathrm{im}(T)$, $\ker(T)$ はそれぞれ $\mathbb{W}$, $\mathbb{V}$ の部分空間になる．

例題 6.1.8　行列

$$A = \begin{pmatrix} 2 & -1 & 1 & 5 & 0 \\ 1 & 3 & 4 & -1 & 7 \\ 1 & 0 & 1 & 2 & 1 \end{pmatrix}$$

で定義される線形写像 $T_A : \mathbb{R}^5 \longrightarrow \mathbb{R}^3$, $T_A(\boldsymbol{x}) = A\boldsymbol{x}$ に対し，$\ker(T_A)$ と $\mathrm{im}(T_A)$ の 1 組の基底をそれぞれ求めよ．

解答　$A = (\boldsymbol{a}_1\ \boldsymbol{a}_2\ \boldsymbol{a}_3\ \boldsymbol{a}_4\ \boldsymbol{a}_5)$ とすると，

$$\mathrm{im}(T_A) = \left\{ A\begin{pmatrix} x_1 \\ x_2 \\ x_3 \\ x_4 \\ x_5 \end{pmatrix} \middle| x_1, x_2, x_3, x_4, x_5 \in \mathbb{R} \right\}$$

$$= \{x_1 \boldsymbol{a}_1 + x_2 \boldsymbol{a}_2 + x_3 \boldsymbol{a}_3 + x_4 \boldsymbol{a}_4 + x_5 \boldsymbol{a}_5 \mid x_1, x_2, x_3, x_4, x_5 \in \mathbb{R}\}$$

$$= \langle \boldsymbol{a}_1\ \boldsymbol{a}_2\ \boldsymbol{a}_3\ \boldsymbol{a}_4\ \boldsymbol{a}_5 \rangle$$

したがって前章の例題 5.3.3 と同様にできる．A を簡約化すると

$$A = \begin{pmatrix} 2 & -1 & 1 & 5 & 0 \\ 1 & 3 & 4 & -1 & 7 \\ 1 & 0 & 1 & 2 & 1 \end{pmatrix} \rightarrow B = \begin{pmatrix} 1 & 0 & 1 & 2 & 1 \\ 0 & 1 & 1 & -1 & 2 \\ 0 & 0 & 0 & 0 & 0 \end{pmatrix}$$

となるので，$\mathrm{im}(T)$ の基底として $\{\boldsymbol{a}_1, \boldsymbol{a}_2\}$ がとれる．

$\ker(T_A) = \{\boldsymbol{x} \in \mathbb{R}^5 \mid T_A(\boldsymbol{x}) = \boldsymbol{0}\} = \{\boldsymbol{x} \in \mathbb{R}^5 \mid A\boldsymbol{x} = \boldsymbol{0}\}$ なので，$\ker(T_A)$ は連立 1 次方程式 $A\boldsymbol{x} = \boldsymbol{0}$ の解空間である．したがって前章の例題 5.4.13 と同様にできる．この連立 1 次方程式を解くと

$$\boldsymbol{x} = c_1 \begin{pmatrix} -1 \\ -1 \\ 1 \\ 0 \\ 0 \end{pmatrix} + c_2 \begin{pmatrix} -2 \\ 1 \\ 0 \\ 1 \\ 0 \end{pmatrix} + c_3 \begin{pmatrix} -1 \\ -2 \\ 0 \\ 0 \\ 1 \end{pmatrix} \quad (c_1, c_2, c_3 \in \mathbb{R})$$

なので，$\ker(T_A)$ の基底として

$$\left\{ \begin{pmatrix} -1 \\ -1 \\ 1 \\ 0 \\ 0 \end{pmatrix}, \begin{pmatrix} -2 \\ 1 \\ 0 \\ 1 \\ 0 \end{pmatrix}, \begin{pmatrix} -1 \\ -2 \\ 0 \\ 0 \\ 1 \end{pmatrix} \right\}$$

がとれる． □

問題 6.1.9 次の各線形写像 T について $\ker(T)$, $\mathrm{im}(T)$ の 1 組の基底をそれぞれ求めよ．

(1) $T : \mathbb{R}^4 \longrightarrow \mathbb{R}^3$, $T(\boldsymbol{x}) = \begin{pmatrix} -1 & -2 & -2 & -1 \\ 2 & 4 & 3 & 1 \\ 1 & 2 & 3 & 2 \end{pmatrix} \boldsymbol{x}$

(2) $T : \mathbb{R}^5 \longrightarrow \mathbb{R}^4$, $T(\boldsymbol{x}) = \begin{pmatrix} 0 & 1 & 1 & 1 & 0 \\ 0 & 0 & 0 & 0 & 1 \\ -2 & 4 & -2 & 0 & 2 \\ 1 & -2 & 1 & 0 & 0 \end{pmatrix} \boldsymbol{x}$

(3) $T: \mathbb{R}^5 \longrightarrow \mathbb{R}^4$, $T(\boldsymbol{x}) = \begin{pmatrix} 0 & -3 & -3 & -3 & 1 \\ 2 & 0 & 6 & -2 & 6 \\ 0 & 1 & 1 & 1 & 3 \\ -1 & -2 & -5 & -1 & -4 \end{pmatrix} \boldsymbol{x}$

6.2 表現行列

定義 6.2.1 (表現行列) ベクトル空間 $\mathbb{V}, \mathbb{W}$ の基底をそれぞれ $\{\boldsymbol{v}_1, \boldsymbol{v}_2, \cdots, \boldsymbol{v}_n\}$, $\{\boldsymbol{w}_1, \boldsymbol{w}_2, \cdots, \boldsymbol{w}_m\}$ とすると，線形写像 $T: \mathbb{V} \longrightarrow \mathbb{W}$ による各 $\boldsymbol{v}_i$ の像 $T(\boldsymbol{v}_i)$ は $\boldsymbol{w}_1, \boldsymbol{w}_2, \cdots, \boldsymbol{w}_m$ の1次結合で表せる．つまり，ある実数 a_{ij} $(1 \leq i \leq m, \ 1 \leq j \leq n)$ が存在し

$$T(\boldsymbol{v}_1) = a_{11}\boldsymbol{w}_1 + a_{21}\boldsymbol{w}_2 + \cdots + a_{m1}\boldsymbol{w}_m$$
$$T(\boldsymbol{v}_2) = a_{12}\boldsymbol{w}_1 + a_{22}\boldsymbol{w}_2 + \cdots + a_{m2}\boldsymbol{w}_m$$
$$\vdots$$
$$T(\boldsymbol{v}_n) = a_{1n}\boldsymbol{w}_1 + a_{2n}\boldsymbol{w}_2 + \cdots + a_{mn}\boldsymbol{w}_m$$

と表すことができる．このとき行列

$$A = \begin{pmatrix} a_{11} & a_{12} & \cdots & a_{1n} \\ a_{21} & a_{22} & \cdots & a_{2n} \\ \vdots & \vdots & & \vdots \\ a_{m1} & a_{m2} & \cdots & a_{mn} \end{pmatrix}$$

を基底 $\{\boldsymbol{v}_1, \boldsymbol{v}_2, \cdots, \boldsymbol{v}_n\}$, $\{\boldsymbol{w}_1, \boldsymbol{w}_2, \cdots, \boldsymbol{w}_m\}$ に関する T の**表現行列**と呼ぶ．表現行列は各基底の組に対してただ1通りに定まる．上の等式は次のように書き直せることに注意する．

$$(T(\boldsymbol{v}_1) \ T(\boldsymbol{v}_2) \ \cdots \ T(\boldsymbol{v}_n)) = (\boldsymbol{w}_1 \ \boldsymbol{w}_2 \ \cdots \ \boldsymbol{w}_m)A$$

例 6.2.2 例 7.1.2 の線形写像 $T_A: \mathbb{R}^n \longrightarrow \mathbb{R}^m$, $T_A(\boldsymbol{x}) = A\boldsymbol{x}$ $(\boldsymbol{x} \in \mathbb{R}^n)$ に

対し，A は標準基底 $\{e_1, e_2, \cdots, e_n\}$, $\{e'_1, e'_2, \cdots, e'_m\}$ に関する表現行列である．

命題 6.2.3 線形写像 $T_1 : \mathbb{U} \longrightarrow \mathbb{V}$ の $\mathbb{U}$ の基底 $\{u_1, u_2, \cdots, u_l\}$, $\mathbb{V}$ の基底 $\{v_1, v_2, \cdots, v_m\}$ に関する表現行列を A_1, $T_2 : \mathbb{V} \longrightarrow \mathbb{W}$ の $\mathbb{V}$ の基底 $\{v_1, v_2, \cdots, v_m\}$, $\mathbb{W}$ の基底 $\{w_1, w_2, \cdots, w_n\}$ に関する表現行列を A_2 とする．このとき，行列の積 $A_2 A_1$ は基底 $\{u_1, u_2, \cdots, u_l\}$, $\{w_1, w_2, \cdots, w_n\}$ に関する合成写像 $T_2 \circ T_1 : \mathbb{U} \longrightarrow \mathbb{W}$ の表現行列となる．

定義 6.2.4 (基底の変換行列) ベクトル空間 $\mathbb{V}$ に対し，線形写像 $I_{\mathbb{V}} : \mathbb{V} \longrightarrow \mathbb{V}$, $I_{\mathbb{V}}(x) = x$ を**恒等写像**と呼ぶ．$\mathbb{V}$ の 2 つの基底 $\{u_1, u_2, \cdots, u_n\}$, $\{v_1, v_2, \cdots, v_n\}$ に関する $I_{\mathbb{V}}$ の表現行列を**基底の変換行列**と呼ぶ．基底の変換行列は正則行列になる．

命題 6.2.5 線形写像 $T : \mathbb{V} \longrightarrow \mathbb{W}$ の基底 $\{v_1, v_2, \cdots, v_n\}$, $\{w_1, w_2, \cdots, w_m\}$ に関する表現行列を A, 基底 $\{v'_1, v'_2, \cdots, v'_n\}$, $\{w'_1, w'_2, \cdots, w'_m\}$ に関する表現行列を B, 基底 $\{v'_1, v'_2, \cdots, v'_n\}$, $\{v_1, v_2, \cdots, v_n\}$ の変換行列を P, 基底 $\{w'_1, w'_2, \cdots, w'_m\}$, $\{w_1, w_2, \cdots, w_m\}$ の変換行列を Q とすると，以下が成立する．

$$B = Q^{-1} A P$$

例題 6.2.6 線形写像 $T : \mathbb{R}^3 \longrightarrow \mathbb{R}^2$ を

$$T(x) = \begin{pmatrix} 2 & 4 & 1 \\ 1 & -1 & 0 \end{pmatrix} x \quad (x \in \mathbb{R}^3)$$

で定義したとき，$\mathbb{R}^3$ と $\mathbb{R}^2$ の以下の基底に関する T の表現行列を求めよ．

$\mathbb{R}^3$ の基底 $\left\{ a_1 = \begin{pmatrix} 2 \\ 0 \\ 3 \end{pmatrix}, a_2 = \begin{pmatrix} 0 \\ 1 \\ 1 \end{pmatrix}, a_3 = \begin{pmatrix} 1 \\ 0 \\ 1 \end{pmatrix} \right\}$

6.2 表現行列

$\mathbb{R}^2$ の基底 $\left\{ \boldsymbol{b}_1 = \begin{pmatrix} 1 \\ 1 \end{pmatrix},\ \boldsymbol{b}_2 = \begin{pmatrix} 2 \\ 3 \end{pmatrix} \right\}$

解答 $\mathbb{R}^3$ の標準基底 $\{\boldsymbol{e}_1, \boldsymbol{e}_2, \boldsymbol{e}_3\}$, $\mathbb{R}^2$ の標準基底 $\{\boldsymbol{e}'_1, \boldsymbol{e}'_2\}$ に関する T の表現行列は

$$A = \begin{pmatrix} 2 & 4 & 1 \\ 1 & -1 & 0 \end{pmatrix}$$

である (例 6.2.2). 基底 $\{\boldsymbol{a}_1, \boldsymbol{a}_2, \boldsymbol{a}_3\}$, $\{\boldsymbol{e}_1, \boldsymbol{e}_2, \boldsymbol{e}_3\}$ の変換行列を P, 基底 $\{\boldsymbol{b}_1, \boldsymbol{b}_2\}$, $\{\boldsymbol{e}'_1, \boldsymbol{e}'_2\}$ の変換行列を Q とすると

$$(\boldsymbol{a}_1\ \boldsymbol{a}_2\ \boldsymbol{a}_3) = (\boldsymbol{e}_1\ \boldsymbol{e}_2\ \boldsymbol{e}_3)P = P, \quad (\boldsymbol{b}_1\ \boldsymbol{b}_2) = (\boldsymbol{e}'_1\ \boldsymbol{e}'_2)Q = Q$$

したがって

$$P = \begin{pmatrix} 2 & 0 & 1 \\ 0 & 1 & 0 \\ 3 & 1 & 1 \end{pmatrix}, \quad Q = \begin{pmatrix} 1 & 2 \\ 1 & 3 \end{pmatrix}$$

求める表現行列を B とすると, 命題 6.2.5 より

$$\begin{aligned} B &= Q^{-1}AP \\ &= \begin{pmatrix} 1 & 2 \\ 1 & 3 \end{pmatrix}^{-1} \begin{pmatrix} 2 & 4 & 1 \\ 1 & -1 & 0 \end{pmatrix} \begin{pmatrix} 2 & 0 & 1 \\ 0 & 1 & 0 \\ 3 & 1 & 1 \end{pmatrix} \\ &= \begin{pmatrix} 17 & 17 & 7 \\ -5 & -6 & -2 \end{pmatrix} \end{aligned}$$

$$\begin{array}{ccc} \mathbb{R}^3, \{\boldsymbol{e}_1, \boldsymbol{e}_2, \boldsymbol{e}_3\} & \stackrel{A}{\longrightarrow} & \mathbb{R}^2, \{\boldsymbol{e}'_1, \boldsymbol{e}'_2\} \\ P \uparrow & & \downarrow Q^{-1} \\ \mathbb{R}^3, \{\boldsymbol{a}_1, \boldsymbol{a}_2, \boldsymbol{a}_3\} & \stackrel{B}{\longrightarrow} & \mathbb{R}^2, \{\boldsymbol{b}_1, \boldsymbol{b}_2\} \end{array}$$

$\square$

問題 6.2.7 次の各線形写像 T の与えられた基底に関する表現行列を求めよ．

(1) $T : \mathbb{R}^2 \longrightarrow \mathbb{R}^2,\ T(\boldsymbol{x}) = \begin{pmatrix} 1 & 2 \\ 2 & 1 \end{pmatrix} \boldsymbol{x} \quad (\boldsymbol{x} \in \mathbb{R}^3)$

定義域，値域の $\mathbb{R}^2$ の基底 $\left\{ \begin{pmatrix} 1 \\ 2 \end{pmatrix}, \begin{pmatrix} 2 \\ 3 \end{pmatrix} \right\}$

(2) $T : \mathbb{R}^3 \longrightarrow \mathbb{R}^2,\ T(\boldsymbol{x}) = \begin{pmatrix} 2 & 4 & 1 \\ 1 & 5 & 3 \end{pmatrix} \boldsymbol{x} \quad (\boldsymbol{x} \in \mathbb{R}^3)$

$\mathbb{R}^3$ の基底 $\left\{ \begin{pmatrix} 1 \\ 0 \\ 1 \end{pmatrix}, \begin{pmatrix} 1 \\ 2 \\ 2 \end{pmatrix}, \begin{pmatrix} 0 \\ 1 \\ 1 \end{pmatrix} \right\}$

$\mathbb{R}^2$ の基底 $\left\{ \begin{pmatrix} 1 \\ 2 \end{pmatrix}, \begin{pmatrix} 2 \\ 3 \end{pmatrix} \right\}$

(3) $T : \mathbb{R}^4 \longrightarrow \mathbb{R}^3,\ T(\boldsymbol{x}) = \begin{pmatrix} 1 & 3 & 5 & 6 \\ -1 & 2 & -1 & 0 \\ 0 & -3 & 1 & 1 \end{pmatrix} \boldsymbol{x} \quad (\boldsymbol{x} \in \mathbb{R}^3)$

$\mathbb{R}^4$ の基底 $\left\{ \begin{pmatrix} 1 \\ 1 \\ 0 \\ 2 \end{pmatrix}, \begin{pmatrix} 1 \\ 0 \\ -1 \\ 0 \end{pmatrix}, \begin{pmatrix} 1 \\ 1 \\ 1 \\ 0 \end{pmatrix}, \begin{pmatrix} 1 \\ 1 \\ 1 \\ 1 \end{pmatrix} \right\}$

$\mathbb{R}^3$ の基底 $\left\{ \begin{pmatrix} 1 \\ 0 \\ 1 \end{pmatrix}, \begin{pmatrix} 0 \\ 1 \\ 0 \end{pmatrix}, \begin{pmatrix} 1 \\ 1 \\ 0 \end{pmatrix} \right\}$

6.3 固有値，固有ベクトルと行列の対角化

定義 6.3.1 (線形変換) ベクトル空間 $\mathbb{V}$ から $\mathbb{V}$ 自身への線形写像を特に**線形変換**と呼ぶ．

この節では線形変換のみを扱う．ベクトル空間 $\mathbb{V}$ の基底 $\{\boldsymbol{v}_1, \boldsymbol{v}_2, \cdots, \boldsymbol{v}_n\}$ と線形変換 $T : \mathbb{V} \longrightarrow \mathbb{V}$ に対し，T の $\{\boldsymbol{v}_1, \boldsymbol{v}_2, \cdots, \boldsymbol{v}_n\}, \{\boldsymbol{v}_1, \boldsymbol{v}_2, \cdots, \boldsymbol{v}_n\}$ に関する表現行列を T の $\{\boldsymbol{v}_1, \boldsymbol{v}_2, \cdots, \boldsymbol{v}_n\}$ に関する**表現行列**と呼ぶことにする．

定義 6.3.2 (固有値，固有ベクトル，固有空間)　線形変換 $T : \mathbb{V} \longrightarrow \mathbb{V}$ に対し，ベクトル $\boldsymbol{v}\,(\neq \boldsymbol{0})$ と実数 λ が存在し

$$T(\boldsymbol{v}) = \lambda \boldsymbol{v}$$

を満たすとき，λ を T の**固有値**，$\boldsymbol{v}$ を T の (λ に属する) **固有ベクトル**と呼ぶ．固有値 λ に対し

$$W(\lambda; T) = \{\boldsymbol{v} \in V \mid T(\boldsymbol{v}) = \lambda \boldsymbol{v}\}$$

は $\mathbb{V}$ の部分空間になる．これを λ の**固有空間**と呼ぶ．

定理 6.3.3　n 次正方行列 A で定義される線形変換 $T_A : \mathbb{R}^n \longrightarrow \mathbb{R}^n$, $T_A(\boldsymbol{x}) = A\boldsymbol{x}\,(\boldsymbol{x} \in \mathbb{R}^n)$ と，実数 $\lambda\,(\neq 0)$ に対し次が成立する．

$$\lambda\,\text{が}\,T_A\,\text{の固有値} \Leftrightarrow \operatorname{rank}(\lambda E - A) < n$$

例題 6.3.4　行列

$$A = \begin{pmatrix} 7 & 12 & 0 \\ -2 & -3 & 0 \\ 2 & 4 & 1 \end{pmatrix}$$

で定義される線形変換 $T_A : \mathbb{R}^3 \longrightarrow \mathbb{R}^3$ に対し，T_A の固有値を全て求め，各固有値に関する固有空間を求めよ．

解答　行列

$$xE - A = \begin{pmatrix} x-7 & -12 & 0 \\ 2 & x+3 & 0 \\ -2 & -4 & x-1 \end{pmatrix}$$

を基本変形を用いて変形すると

$$\begin{pmatrix} 1 & (x+3)/2 & 0 \\ 0 & x-1 & x-1 \\ 0 & (x-1)(x-3) & 0 \end{pmatrix}$$

を得る．ここで $x = 1$ のときは

$$\mathrm{rank} \begin{pmatrix} 1 & (x+3)/2 & 0 \\ 0 & x-1 & x-1 \\ 0 & (x-1)(x-3) & 0 \end{pmatrix} = \mathrm{rank} \begin{pmatrix} 1 & 2 & 0 \\ 0 & 0 & 0 \\ 0 & 0 & 0 \end{pmatrix} = 1 < 3$$

なので，定理 6.3.3 より 2 は T_A の固有値である．また $x \neq 1$ のときは

$$\begin{pmatrix} 1 & 0 & -(x+3)/2 \\ 0 & 1 & 1 \\ 0 & 0 & x-3 \end{pmatrix}$$

と変形できる．$x = 3$ のときは

$$\mathrm{rank} \begin{pmatrix} 1 & 0 & -(x+3)/2 \\ 0 & 1 & 1 \\ 0 & 0 & x-3 \end{pmatrix} = \mathrm{rank} \begin{pmatrix} 1 & 0 & -3 \\ 0 & 1 & 1 \\ 0 & 0 & 0 \end{pmatrix} = 2 < 3$$

なので，定理 6.3.3 より 3 は T_A の固有値である．$x \neq 3$ とすると，この行列は単位行列に簡約化できる．したがって，T_A の固有値は $\lambda = 1, 3$ のみである．

次に固有空間を求める．

$$W(\lambda; T_A) = \{\boldsymbol{x} \mid A\boldsymbol{x} = \lambda\boldsymbol{x}\} = \{\boldsymbol{x} \mid (\lambda E - A)\boldsymbol{x} = \boldsymbol{0}\}$$

なので，固有空間 $W(\lambda; T_A)$ は連立 1 次方程式 $(\lambda E - A)\boldsymbol{x} = \boldsymbol{0}$ の解空間である．したがって，前章の例題 5.4.13 と同様の議論により以下を得る[注]．

$$W(1; T_A) = \left\{ a \begin{pmatrix} -2 \\ 1 \\ 0 \end{pmatrix} + b \begin{pmatrix} 0 \\ 0 \\ 1 \end{pmatrix} \,\middle|\, a, b \in \mathbb{R} \right\}$$

$$W(3; T_A) = \left\{ a \begin{pmatrix} 3 \\ -1 \\ 1 \end{pmatrix} \middle| a \in \mathbb{R} \right\} \qquad \square$$

注： 行列
$$\begin{pmatrix} 1 & 2 & 0 \\ 0 & 0 & 0 \\ 0 & 0 & 0 \end{pmatrix}, \begin{pmatrix} 1 & 0 & -3 \\ 0 & 1 & 1 \\ 0 & 0 & 0 \end{pmatrix}$$

はそれぞれ $2E - A, 3E - A$ を基本変形したものなので，$W(2; T_A), W(3; T_A)$ を求める際にはこれらを利用することができる．

問題 6.3.5 次の各行列 A で定義される線形変換 T_A の固有値を全て求め，各固有値に関する固有空間を求めよ．

(1) $\begin{pmatrix} 1 & -1 \\ 3 & 5 \end{pmatrix}$, (2) $\begin{pmatrix} -1 & -2 \\ 2 & 3 \end{pmatrix}$, (3) $\begin{pmatrix} 1 & 2 & 0 \\ 0 & 1 & -1 \\ 0 & 1 & 3 \end{pmatrix}$, (4) $\begin{pmatrix} 4 & 1 & -2 \\ 2 & 3 & -2 \\ 2 & 1 & 0 \end{pmatrix}$

定義 6.3.6 (対角化) 正方行列 A に対して，正則行列 P が存在して $P^{-1}AP$ が対角行列になるとき，A は**対角化可能**であるという．対角化可能な行列に対し，$B = P^{-1}AP$ が対角行列となる正則行列 P と対角行列 B を求めることを A の**対角化**という．

定理 6.3.7 n 次正方行列 A で定義される線形変換 $T_A : \mathbb{R}^n \longrightarrow \mathbb{R}^n$ の異なる固有値の全体を $\lambda_1, \lambda_2, \cdots, \lambda_r$ とする．このとき以下が成立する．

A が対角化可能である $\Leftrightarrow$

$$n = \dim(W(\lambda_1; T_A)) + \dim(W(\lambda_2; T_A)) + \cdots + \dim(W(\lambda_r; T_A))$$

定理 6.3.8 線形変換 $T : \mathbb{V} \longrightarrow \mathbb{V}$ の異なる固有値 $\lambda_1, \lambda_2, \cdots, \lambda_r$ に対し

$$\dim(\mathbb{V}) = \dim(W(\lambda_1\,;T)) + \dim(W(\lambda_2\,;T)) + \cdots + \dim(W(\lambda_r\,;T))$$

が成立するとする．このとき $W(\lambda_i\,;T)$ の基底の和集合は $\mathbb{V}$ の基底になり，この基底に関する T の表現行列は固有値が対角線上に並んだ対角行列になる．

例題 6.3.9 例題 6.3.4 の行列 A が対角化可能か否かを判定し，可能な場合は対角化せよ．

解答 例題 6.3.4 において

$$\dim \mathbb{R}^3 = 3 = \dim(W(2\,;T_A)) + \dim(W(3\,;T_A))$$

なので，定理 6.3.8 から，$W(2\,;T_A)$ の基底と $W(3\,;T_A)$ の基底の和集合

$$\left\{ \boldsymbol{v}_1 = \begin{pmatrix} -2 \\ 1 \\ 0 \end{pmatrix},\ \boldsymbol{v}_2 = \begin{pmatrix} 0 \\ 0 \\ 1 \end{pmatrix},\ \boldsymbol{v}_3 = \begin{pmatrix} 3 \\ -1 \\ 1 \end{pmatrix} \right\}$$

に関する T_A の表現行列は

$$B = \begin{pmatrix} 1 & 0 & 0 \\ 0 & 1 & 0 \\ 0 & 0 & 3 \end{pmatrix}$$

になる．基底 $\{\boldsymbol{v}_1, \boldsymbol{v}_2, \boldsymbol{v}_3\}$，標準基底 $\{\boldsymbol{e}_1, \boldsymbol{e}_2, \boldsymbol{e}_3\}$ の変換行列は $(\boldsymbol{v}_1\ \boldsymbol{v}_2\ \boldsymbol{v}_3)$ となるので，命題 6.2.5 より

$$B = (\boldsymbol{v}_1\ \boldsymbol{v}_2\ \boldsymbol{v}_3)^{-1} A (\boldsymbol{v}_1\ \boldsymbol{v}_2\ \boldsymbol{v}_3)$$

を得る． □

問題 6.3.10 問題 6.3.5 の各行列 A について，対角化可能か否かを判定し可能な場合は対角化せよ．

例題 6.3.11 例題 6.3.9 の行列 A について，A^n を求めよ．

解答 例題 6.3.9 の解答において, $P = (\boldsymbol{v}_1\ \boldsymbol{v}_2\ \boldsymbol{v}_3)$ とおくと

$$B^n = (P^{-1}AP)(P^{-1}AP)\cdots(P^{-1}AP) = P^{-1}A^nP$$

一方

$$B^n = \begin{pmatrix} 1 & 0 & 0 \\ 0 & 1 & 0 \\ 0 & 0 & 3^n \end{pmatrix}$$

なので,

$$A^n = PB^nP^{-1} = \begin{pmatrix} -2 & 0 & 3 \\ 1 & 0 & -1 \\ 0 & 1 & 1 \end{pmatrix} \begin{pmatrix} 1 & 0 & 0 \\ 0 & 1 & 0 \\ 0 & 0 & 3^n \end{pmatrix} \begin{pmatrix} 1 & 3 & 0 \\ -1 & -2 & 1 \\ 1 & 2 & 0 \end{pmatrix}$$

$$= \begin{pmatrix} -2+3^{n+1} & -6+2\cdot 3^{n+1} & 0 \\ 1-3^n & 3-2\cdot 3^n & 0 \\ -1+3^n & -2+2\cdot 3^n & 1 \end{pmatrix} \quad \Box$$

問題 6.3.12 次の行列 A について, A^n を求めよ.

(1) $A = \begin{pmatrix} 5 & -2 \\ 6 & -2 \end{pmatrix}$
(2) $A = \begin{pmatrix} 1 & 1 \\ -2 & 4 \end{pmatrix}$
(3) $A = \begin{pmatrix} 1 & 0 & -4 \\ 0 & 1 & 1 \\ 0 & 0 & 2 \end{pmatrix}$
(4) $A = \begin{pmatrix} 3 & 0 & -2 \\ 1 & 2 & -1 \\ 0 & 0 & 1 \end{pmatrix}$

章 末 問 題

6.1 $n \times m$ 行列 A で定義される写像

$$T_A : \mathbb{R}^n \longrightarrow \mathbb{R}^m, \quad T_A(\boldsymbol{x}) = A\boldsymbol{x}$$

が線形写像になることを示せ.

6.2 線形写像 $T_1 : \mathbb{U} \longrightarrow \mathbb{V}, T_2 : \mathbb{V} \longrightarrow \mathbb{W}$ に対し，写像

$$T_2 \circ T_1 : \mathbb{U} \longrightarrow \mathbb{W}, \quad T_2 \circ T_1(\boldsymbol{x}) = T_2(T_1(\boldsymbol{x})) \qquad (\boldsymbol{x} \in \mathbb{U})$$

は線形写像になることを示せ．

6.3 線形写像 $T : \mathbb{V} \longrightarrow \mathbb{W}$ 対し，$\mathrm{im}(T)$, $\ker(T)$ はそれぞれ $\mathbb{W}, \mathbb{V}$ の部分空間になることを示せ．

6.4 線形写像 $T : \mathbb{V} \longrightarrow \mathbb{W}$ に対し，以下が成立することを示せ．

$$\dim(\ker(T)) + \dim(\mathrm{im}(T)) = \dim(\mathbb{V})$$

6.5 n 次元ベクトル空間 $\mathbb{V}$ から m 次元ベクトル空間 $\mathbb{W}$ への線形写像を $T : \mathbb{V} \longrightarrow \mathbb{W}$ とする．このとき，次の $m \times n$ 行列

$$\begin{pmatrix} E_r & O_{r,n-r} \\ O_{m-r,n} & O_{m-r,n-r} \end{pmatrix} = \begin{pmatrix} 1 & 0 & \cdots & 0 & 0 & \cdots & 0 \\ 0 & 1 & & \vdots & \vdots & & \vdots \\ \vdots & & \ddots & 0 & \vdots & & \vdots \\ 0 & \cdots & 0 & 1 & 0 & \cdots & 0 \\ 0 & \cdots & \cdots & 0 & 0 & \cdots & 0 \\ \vdots & & & \vdots & \vdots & \ddots & \vdots \\ 0 & \cdots & \cdots & 0 & 0 & \cdots & 0 \end{pmatrix}$$

が T の表現行列となるような $\mathbb{V}$ と $\mathbb{W}$ の基底が存在することを示せ．ただし，$r = \dim(\mathrm{im}(T))$ で $E_r, O_{p,q}$ はそれぞれ r 次の単位行列，$p \times q$ 零行列を意味する．

6.6 行列 A で定義される線形写像 $T_A : \mathbb{R}^n \longrightarrow \mathbb{R}^m, T_A(\boldsymbol{x}) = A\boldsymbol{x} \; (\boldsymbol{x} \in \mathbb{R}^n)$ に対し，A は標準基底 $\{\boldsymbol{e}_1, \boldsymbol{e}_2, \cdots, \boldsymbol{e}_n\}, \{\boldsymbol{e}'_1, \boldsymbol{e}'_2, \cdots, \boldsymbol{e}'_m\}$ に関する表現行列であることを示せ．

6.7 基底の変換行列は正則行列になることを示せ．

7

1変数関数の微分

7.1 極限

定義 7.1.1 (極限) 実数 a を含む開区間から a を除いた集合を含む集合 X (例えば, $X = \mathbb{R}, \mathbb{R} - \{a\}$ 等) を定義域にもつ関数を $f : X \to \mathbb{R}$ とする. **実数** b **が** $x \to a$ **における** $f(x)$ **の極限**とは, 任意の正の実数 ε に対して, ある正の実数 δ が存在して "$0 < |x - a| < \delta$ ならば $|f(x) - b| < \varepsilon$" が成立するときをいい, "$x \to a$ のとき $f(x) \to b$" または "$\lim_{x \to a} f(x) = b$" と表す.

注意 (1) この定義では, a 自身の f による値は不問にしている. a は必ずしも f の定義域に属さなくてもよい.
(2) 極限は存在するとすればただ 1 つである.
(3) 極限の定義に用いた言い方は ε-δ 論法と呼ばれる.

例 7.1.2 (自然対数の底) $f : \{x \in \mathbb{R} \mid -1 < x < 0 \text{ または } 0 < x\} \to \mathbb{R}$, $f(x) = (1 + x)^{\frac{1}{x}}$ に対し, $\lim_{x \to 0} f(x)$ が存在することが知られている. この極限値を e と表し, **自然対数の底**と呼ぶ. e は約 2.7 の実数である (例 7.2.3 参照).

定理 7.1.3 (極限の性質)
(1) 関数 $f : \mathbb{R} \to \mathbb{R}$, $g : \mathbb{R} \to \mathbb{R}$ に対して, $a \in \mathbb{R}$, $\lim_{x \to a} f(x) = b$, $\lim_{x \to a} g(x) = c$ のとき,
 (i) $\lim_{x \to a} (f(x) \pm g(x)) = b \pm c$, (ii) $\lim_{x \to a} f(x)g(x) = bc$.

(iii) $c \neq 0$ のとき, $\displaystyle\lim_{x \to a} \frac{f(x)}{g(x)} = \frac{b}{c}$.

(2) 関数 $f : \mathbb{R} \to \mathbb{R}$, $g : \mathbb{R} \to \mathbb{R}$ に対して, $a, b \in \mathbb{R}$, $\displaystyle\lim_{x \to a} f(x) = b$, $\displaystyle\lim_{x \to b} g(x) = c$ のとき, $\displaystyle\lim_{x \to a} g \circ f(x) = c$.

例題 7.1.4 定理 7.1.3 (極限の性質) の (1) (ii) を示せ.

解答 ε を正の実数とする. 仮定より, 任意の正の実数 ε' に対し, ある正の実数 δ が存在して, $0 < |x - a| < \delta$ ならば $|f(x) - b| < \varepsilon'$, $|g(x) - c| < \varepsilon'$ となる. すると,

$|f(x)g(x) - bc| = |(f(x) - b)g(x) + b(g(x) - c)|$
$\leq |f(x) - b||g(x)| + |b||g(x) - c| \leq \varepsilon'(|c| + \varepsilon') + |b|\varepsilon' = \varepsilon'^2 + (|b| + |c|)\varepsilon'$

ここで, ε' は任意であるから, $|b| + |c| = 0$ のとき $\varepsilon' < \sqrt{\varepsilon/2}$, $|b| + |c| \neq 0$ のとき $\varepsilon' < \min\left\{\sqrt{\dfrac{\varepsilon}{2}}, \dfrac{\varepsilon}{2(|b| + |c|)}\right\}$, となるように ε' をとれば, $|f(x)g(x) - bc| < \varepsilon$ となる. □

例題 7.1.5 関数 $f : \mathbb{R} \to \mathbb{R}$, $f(x) = x^2$ に対し, $\displaystyle\lim_{x \to 2} f(x) = 4$ であることを極限の定義に従って示せ (ε-δ 論法を用いる).

解答 $X = x - 2$ つまり $x = X + 2$ とおくと $f(x) - 4 = x^2 - 4 = (X + 2)^2 - 4 = X^2 + 4X$. したがって $x^2 - 4 = (x - 2)^2 + 4(x - 2)$. したがって $0 < |x - 2| < \delta$ ならば

$|f(x) - 4| = |x^2 - 4| = |(x - 2)^2 + 4(x - 2)| \leq |x - 2|^2 + 4|x - 2| < \delta^2 + 4\delta$ そこで, $\varepsilon > 0$ に対し, $\delta^2 + 4\delta \leq \varepsilon$ となる δ を求めたいので, 2つの方程式 $\delta^2 = \varepsilon/2$, $4\delta = \varepsilon/2$ をそれぞれ解くと, $\delta = \sqrt{\varepsilon/2}$, $\delta = \varepsilon/8$ となる. そこで $\delta = \min\{\sqrt{\varepsilon/2}, \varepsilon/8\}$ とすれば $\delta^2 + 4\delta \leq \varepsilon/2 + \varepsilon/2 = \varepsilon$ となる. □

問題 7.1.6 次を示せ (ε-δ 論法を用いる).

(1) $f : \mathbb{R} \to \mathbb{R}$, $f(x) = 3x$ に対し, $\lim_{x \to 1} f(x) = 3$

(2) $f : \mathbb{R} \to \mathbb{R}$, $f(x) = 2x^2 - 1$ に対し, $\lim_{x \to 2} f(x) = 7$

(3) $f : \mathbb{R} \to \mathbb{R}$, $f(x) = 3x^3 + x^2 - x$ に対し, $\lim_{x \to -1} f(x) = -1$

7.2 関数の連続性

定義 7.2.1 (連続) 関数 $f : \mathbb{R} \to \mathbb{R}$ が $a \in \mathbb{R}$ において**連続**であるとは, $x \to a$ としたときの $f(x)$ の極限 b が存在して $f(a) = b$ となるとき, つまり, $\lim_{x \to a} f(x) = f(a)$ となることである. 任意の実数において連続となるとき, f は**連続**であるという.

定理 7.2.2 (多項式関数の連続性) 多項式関数は連続である.

例 7.2.3 (指数関数, 対数関数) (1) $a > 0$ とする. $\dfrac{p}{q} \in \mathbb{Q}$ に対し, $a^{\frac{p}{q}}$ は $(a^{\frac{p}{q}})^q = a^p$ となる実数である. $f : \mathbb{Q} \to \mathbb{R}$, $f\left(\dfrac{p}{q}\right) = a^{\frac{p}{q}}$ は $\mathbb{R}$ を定義域とする連続関数に一意的に拡張されることが知られている. すなわち, 連続関数 $F : \mathbb{R} \to \mathbb{R}$ で $\dfrac{p}{q} \in \mathbb{Q}$ ならば $F\left(\dfrac{p}{q}\right) = a^{\frac{p}{q}}$ となるものが存在する. F の $x \in \mathbb{R}$ に対する値を a^x と表す. F を**指数関数**という.

(2) 指数関数は値域を $\{x \in \mathbb{R} \mid x > 0\}$ と考えると, 逆関数がある. $f : \mathbb{R} \to \{x \in \mathbb{R} \mid x > 0\}$, $f(x) = a^x$ の逆関数 $f^{-1} : \{x \in \mathbb{R} \mid x > 0\} \to \mathbb{R}$ を a **を底とする対数関数**といい, その値を $\log_a x$ と表す. $x, y \in \mathbb{R}$ に対し, $y = a^x$ と $x = \log_a y$ は同値である. また, 自然対数の底 e を底とする指数関数を**自然対数関数**といい, その値を底 e を省略して $\log x$ と表す.

例題 7.2.4 関数 $f : \mathbb{R} \to \mathbb{R}$, $f(x) = x^3 - x^2$ とする. 任意の $a \in \mathbb{R}$ に対し $\lim_{x \to a} f(x) = a^3 - a^2 = f(a)$ であることを極限の定義に従って示せ (ε-δ 論法を用いる). したがって, f は連続である.

解答 $0 < |x - a| < \delta$ ならば,
$|f(x) - (a^3 - a^2)| = |x^3 - x^2 - a^3 + a^2| = |(x-a)^3 + (3a-1)(x-a)^2 + (3a^2 - 2a)(x-a)| \leq |x-a|^3 + |3a-1||x-a|^2 + |3a^2 - 2a||x-a| < \delta^3 + |3a-1|\delta^2 + |3a^2 - 2a|\delta.$

$$\delta = \begin{cases} \min\left\{\sqrt[3]{\dfrac{\varepsilon}{3}}, \dfrac{\varepsilon}{3|3a^2 - 2a|}\right\} & (a = \dfrac{1}{3} \text{ の場合}) \\ \min\left\{\sqrt[3]{\dfrac{\varepsilon}{3}}, \sqrt{\dfrac{\varepsilon}{3|3a - 1|}}\right\} & (a = 0, \dfrac{2}{3} \text{ の場合}) \\ \min\left\{\sqrt[3]{\dfrac{\varepsilon}{3}}, \sqrt{\dfrac{\varepsilon}{3|3a - 1|}}, \dfrac{\varepsilon}{3|3a^2 - 2a|}\right\} & (\text{その他の場合}) \end{cases}$$

とすれば, $0 < |x - 2| < \delta$ ならば $|f(x) - (a^3 - a^2)| < \varepsilon$.

注意 (1) $X = x - a$ つまり $x = X + a$ とおくと $x^3 - x^2 - a^3 + a^2 = (X+a)^3 - (X+a)^2 - a^3 + a^2 = X^3 + (3a-1)X^2 + (3a^2 - 2a)X$. したがって $x^3 - x^2 - a^3 + a^2 = (x-a)^3 + (3a-1)(x-a)^2 + (3a^2 - 2a)(x-a)$.

(2) $\delta^3 + |3a-1|\delta^2 + |3a^2 - 2a|\delta \leq \varepsilon$ となる δ を求めたいので, 3 つの方程式 $\delta^3 = \dfrac{\varepsilon}{3}$, $|3a-1|\delta^2 = \dfrac{\varepsilon}{3}$, $|3a^2 - 2a|\delta = \dfrac{\varepsilon}{3}$ をそれぞれ解くと, $\delta = \sqrt[3]{\dfrac{\varepsilon}{3}}$, $\delta = \sqrt{\dfrac{\varepsilon}{3|3a-1|}}$ (ただし $a \neq \dfrac{1}{3}$), $\delta = \dfrac{\varepsilon}{3}|3a^2 - 2a|$ (ただし $a \neq 0, \dfrac{2}{3}$) となる. そこで δ を上のように選べば, $\delta^3 + |3a-1|\delta^2 + |3a^2 - 2a|\delta < \varepsilon$ となる. □

問題 7.2.5 次の関数 f に対して, 任意の $a \in \mathbb{R}$ に対し, $\lim_{x \to a} f(x) = f(a)$ であることを示せ (ε-δ 論法を用いる). ただし, (3) は $a \neq 0$ とする.

(1) $f : \mathbb{R} \to \mathbb{R}, \ f(x) = 5x + 1$
(2) $f : \mathbb{R} \to \mathbb{R}, \ f(x) = x^2 - 2x + 5$
(3) $f : \mathbb{R} - \{0\} \to \mathbb{R}, \ f(x) = \dfrac{1}{x}$

例題 7.2.6 定理 7.2.2 (多項式関数の連続性) を示せ.

解答 まず，定数関数 $f : \mathbb{R} \to \mathbb{R}$, $f(x) = c$ が連続であることを示す．
$a \in \mathbb{R}$ とする．$\varepsilon > 0$ に対し，$|x - a| < 1$ ならば，
$$|f(x) - f(a)| = |c - c| = 0 < \varepsilon$$
次に，恒等関数 $g : \mathbb{R} \to \mathbb{R}$, $g(x) = x$ が連続であることを示す．
$a \in \mathbb{R}$ とする．$\varepsilon > 0$ に対し，$|x - a| < \varepsilon$ ならば，$|g(x) - g(a)| = |x - a| < \varepsilon$.
多項式関数 $P : \mathbb{R} \to \mathbb{R}$, $P(x) = a_0 + a_1 x + a_2 x^2 + \cdots + a_n x^n$, $a_0, a_1, \cdots, a_n \in \mathbb{R}$ とする．定理 7.1.3 (極限の性質) より，

$$\lim_{x \to a} P(x) = \lim_{x \to a} (a_0 + a_1 x + a_2 x^2 + \cdots + a_n x^n)$$
$$= a_0 (\lim_{x \to a} 1) + a_1 (\lim_{x \to a} x) + a_2 (\lim_{x \to a} x)^2 + \cdots a_n (\lim_{x \to a} x)^n$$
$$= a_0 + a_1 a + a_2 a^2 + \cdots + a_n a^n = P(a) \qquad \Box$$

7.3 微 分

定義 7.3.1 (平均変化率) 関数 $f : \mathbb{R} \to \mathbb{R}$ において，次の値 $\dfrac{f(x') - f(x)}{x' - x}$ を x から x' に変化したときの**平均変化率**という．また，x から $x + h$ に変化したときの変化量 $\dfrac{f(x + h) - f(x)}{h}$ を x から h だけ変化したときの平均変化率と呼ぶこともある．

例題 7.3.2 $f : \mathbb{R} \to \mathbb{R}$, $f(x) = -2x^2 - 1$ のとき，
(1) f の 1 から 4 に変化したときの平均変化率を求めよ．
(2) f の 1 から -1 に変化したときの平均変化率を求めよ．
(3) f の a から h だけ変化したときの平均変化率を求めよ．

解答 (1) $\dfrac{f(4) - f(1)}{4 - 1} = \dfrac{\{-2 \cdot 4^2 - 1\} - \{-2 \cdot 1^2 - 1\}}{3} = -10$

(2) $\dfrac{f(-1) - f(1)}{-1 - 1} = \dfrac{\{-2 \cdot (-1)^2 - 1\} - \{-2 \cdot 1^2 - 1\}}{-2} = 0$

(3) $\dfrac{f(a+h)-f(a)}{h} = \dfrac{\{-2(a+h)^2-1\}-\{-2a^2-1\}}{h} = \dfrac{-2(2a+h)h}{h}$
$= -2(2a+h)$ □

問題 7.3.3 次の関数に対し，a から h だけ変化したときの平均変化率を求めよ．

(1) $f : \mathbb{R} \to \mathbb{R}, \ f(x) = x$
(2) $f : \mathbb{R} \to \mathbb{R}, \ f(x) = c$ 　（ただし，c は実数定数）
(3) $f : \mathbb{R} \to \mathbb{R}, \ f(x) = -2x^3 + 2x^2 - x + 3$
(4) $f : \mathbb{R} - \{0\} \to \mathbb{R}, \ f(x) = \dfrac{1}{x}$ 　（ただし，$a, a+h \neq 0$）
(5) $f : \mathbb{R} \to \mathbb{R}, \ f(x) = \dfrac{1}{1+x^2}$
(6) $f : \mathbb{R} \to \mathbb{R}, \ f(x) = x^n$ 　（ただし，n は自然数）

定義 7.3.4 (微分)　関数 $f : \mathbb{R} \to \mathbb{R}$ が $a \in \mathbb{R}$ において**微分可能である**とは，$\displaystyle\lim_{h \to 0} \dfrac{f(a+h)-f(a)}{h}$ が存在するときをいう．このとき，この極限の値を f の a における**微分係数**といい $f'(a), Df(a)$ 等と表す．さらに，任意の実数において f の微分係数が存在するとき，**微分可能である**という．また f が微分可能であるとき，各 $x \in \mathbb{R}$ に対し x における f の微分係数 $f'(x)$ を対応させる関数 $f' : \mathbb{R} \to \mathbb{R}$ が考えられる．この関数を f の**導関数**という．

定理 7.3.5 (微分可能関数の連続性)　関数 $f : \mathbb{R} \to \mathbb{R}$ は，$a \in \mathbb{R}$ において微分可能ならば，a で連続である．

例題 7.3.6　$f : \mathbb{R} \to \mathbb{R}, \ f(x) = x^3 + x$ に対し，任意の $a \in \mathbb{R}$ に対し，$f'(a) = 3a^2 + 1$ であることを示せ．したがって，f は微分可能で，その導関数は $f' : \mathbb{R} \to \mathbb{R}, \ f'(x) = 3x^2 + 1$ である．

解答　$\displaystyle\lim_{h \to 0} \dfrac{f(a+h)-f(a)}{h} = \lim_{h \to 0} \dfrac{(a+h)^3 + (a+h) - (a^3+a)}{h}$
$= \displaystyle\lim_{h \to 0} \dfrac{(3a^2+1)h + 3ah^2 + h^3}{h} = \lim_{h \to 0}(3a^2 + 1 + 3ah + h^2) = 3a^2 + 1$ □

問題 7.3.7 次の関数の導関数を求めよ．
(1) $f: \mathbb{R} \to \mathbb{R}, \ f(x) = 2x$
(2) $f: \mathbb{R} \to \mathbb{R}, \ f(x) = c$ （c は実数定数）
(3) $f: \mathbb{R} \to \mathbb{R}, \ f(x) = 2x^2 + 3x + 1$
(4) $f: \mathbb{R} \to \mathbb{R}, \ f(x) = x^3 - 2x^2 + x + 2$
(5) $f: \mathbb{R} - \{0\} \to \mathbb{R}, \ f(x) = \dfrac{1}{x}$

定理 7.3.8 (微分に関する性質) 実数 a と微分可能な 2 つの関数 $f: \mathbb{R} \to \mathbb{R}$, $g: \mathbb{R} \to \mathbb{R}$ に対して, $af, \ f \pm g, \ fg, \ \dfrac{f}{g}, \ g \circ f, \ f^{-1}$, も微分可能で, 次が成立する.
(1) $(af)'(x) = af'(x)$
(2) $(f \pm g)'(x) = f'(x) \pm g'(x)$
(3) $(fg)'(x) = f'(x)g(x) + f(x)g'(x)$
(4) $g(x) \neq 0$ のとき, $\left(\dfrac{f}{g}\right)'(x) = \dfrac{f'(x)g(x) - f(x)g'(x)}{g^2(x)}$
(5) $(g \circ f)'(x) = g'(f(x))f'(x)$
(6) $(f^{-1})'(x) = (f'(f^{-1}(x))^{-1}$

例題 7.3.9 $a > 0$ とする．
(1) $f: \{x \in \mathbb{R} \mid x > 0\} \to \mathbb{R}, \ f(x) = \log_a x$ の導関数を求めよ．
(2) $f: \{x \in \mathbb{R} \mid x > 0\} \to \mathbb{R}, \ f(x) = a^x$ の導関数を求めよ．

解答 (1) $f'(x) = \lim\limits_{h \to 0} \dfrac{f(x+h) - f(x)}{h} = \lim\limits_{h \to 0} \dfrac{\log_a(x+h) - \log_a(x)}{h}$
$= \dfrac{1}{x} \lim\limits_{h \to 0} \log_a \left(1 + \dfrac{h}{x}\right)^{\frac{x}{h}} = \dfrac{1}{x} \log_a e = \dfrac{1}{x \log a}$.

(2) $g: \{x \in \mathbb{R} \mid 0 < x\} \to \mathbb{R}, \ g(x) = \log x$ とすると, $g \circ f(x) = \log a^x = x \log a$. よって, $(g \circ f)'(x) = g'(f(x))f'(x) = \log a$. したがって,

$$f'(x) = \dfrac{\log a}{g'(f(x))} = f(x) \log a = a^x \log a \qquad \square$$

例題 7.3.10 $a \in \mathbb{R}$ とする．関数 $f : \{x \in \mathbb{R} \mid x > 0\} \to \mathbb{R}$, $f(x) = x^a$ の導関数を求めよ．

解答 $g : \{x \in \mathbb{R} \mid x > 0\} \to \mathbb{R}$, $g(x) = \log x$ とすると，$g \circ f(x) = \log x^a = a \log x$. よって，$(g \circ f)'(x) = g'(f(x))f'(x) = \dfrac{a}{x}$. したがって，

$$f'(x) = \frac{1}{g'(f(x))}\frac{a}{x} = f(x)\frac{a}{x} = x^a\frac{a}{x} = ax^{a-1} \qquad \square$$

例題 7.3.11 次の関数の導関数の値を求めよ．
(1) $f : \mathbb{R} \to \mathbb{R}$, $f(x) = 5x$
(2) $f : \mathbb{R} \to \mathbb{R}$, $f(x) = 2x^3 + 3x - 1$
(3) $f : \mathbb{R} \to \mathbb{R}$, $f(x) = (x^2 + x)(2x^3 - x + 1)$
(4) $f : \mathbb{R} \to \mathbb{R}$, $f(x) = \dfrac{x^3 - 2x^2 + 1}{x^2 + 1}$
(5) $f : \mathbb{R} \to \mathbb{R}$, $f(x) = (x^2 + x + 1)^{10}$
(6) $f : \{x \in \mathbb{R} \mid 0 < x\} \to \mathbb{R}$, $f(x) = \sqrt{x}$

解答 (1) $f'(x) = 5(x)' = 5 \cdot 1 = 5$
(2) $f'(x) = 2(x^3)' + 3(x)' - (1)' = 2 \cdot 3x^2 + 3 \cdot 1 - 0 = 6x^2 + 3$
(3) $f'(x) = (x^2 + x)'(2x^3 - x + 1) + (x^2 + 1)(2x^3 - x + 1)'$
$= (2x + 1)(2x^3 - x + 1) + (x^2 + 1)(6x^2 - 1) = (4x^4 + 2x^3 - 2x^2 + x + 1) + (6x^4 + 5x - 1)$
$= 10x^4 + 2x^3 + 3x^2 + x$
(4) $f'(x) = \dfrac{(x^2 + 1)'(x^3 - 2x^2 + 1) - (x^2 + 1)(x^3 - 2x^2 + 1)'}{(x^2 + 1)^2}$
$= \dfrac{2x(x^3 - 2x^2 + 1) - (x^2 + 1)(3x^2 - 4)}{(x^2 + 1)^2}$
$= \dfrac{(2x^4 - 4x^3 + 2x) - (3x^4 - 4x^3 + 3x^2 - 4x)}{(x^2 + 1)^2} = \dfrac{-x^4 - 3x^2 + 6x}{(x^2 + 1)^2}$
(5) $g : \mathbb{R} \to \mathbb{R}$, $g(x) = x^{10}$, $h : \mathbb{R} \to \mathbb{R}$, $h(x) = x^2 + x + 1$ とすると，

$f = g \circ h$ である．$g'(x) = 10x^9$, $h'(x) = 2x+1$ であるから，合成関数の微分より，$f'(x) = g'(h(x))h'(x) = g'(x^2+x+1)h'(x) = 10(x^2+x+1)^9(2x+1)$．

(6) $g : \mathbb{R} \to \mathbb{R}$, $g(x) = x^2$, とすると，$g \circ f(x) = g(f(x)) = (\sqrt{x})^2 = x$ である．$g'(x) = 2x$ と，合成関数の微分より，$(g \circ f)'(x) = g'(f(x))f'(x) = 2\sqrt{x}f'(x) = (x)' = 1$．よって，$f'(x) = \dfrac{1}{2\sqrt{x}}$, $(x > 0)$． □

問題 7.3.12 次の関数の導関数の値を求めよ．

(1) $f : \mathbb{R} \to \mathbb{R}$, $f(x) = 5$
(2) $f : \mathbb{R} \to \mathbb{R}$, $f(x) = -3x + 1$
(3) $f : \mathbb{R} \to \mathbb{R}$, $f(x) = x^2 + 3x - 1$
(4) $f : \mathbb{R} \to \mathbb{R}$, $f(x) = 3x^3 + 2x^2 - 1$
(5) $f : \mathbb{R} \to \mathbb{R}$, $f(x) = (2x+1)(3x+2)$
(6) $f : \mathbb{R} \to \mathbb{R}$, $f(x) = (x^2 + 2x + 1)(2x^3 + 3x + 1)$
(7) $f : \mathbb{R} \to \mathbb{R}$, $f(x) = \dfrac{1}{x^2 + 1}$
(8) $f : \mathbb{R} \to \mathbb{R}$, $f(x) = \dfrac{x}{x^2 + x + 1}$
(9) $f : \mathbb{R} \to \mathbb{R}$, $f(x) = (x^2 - x + 1)^{10} + (x^2 - x + 1)^5 + 1$
(10) $f : \mathbb{R} \to \mathbb{R}$, $f(x) = \sqrt{1 + x^2}$
(11) $f : \mathbb{R} \to \mathbb{R}$, $f(x) = e^{5x+1}$
(12) $f : \mathbb{R} \to \mathbb{R}$, $f(x) = \log(1 + x^2)$

7.4 関数の極値

定義 7.4.1 (増加，減少，極大，極小) 関数 $f : \mathbb{R} \to \mathbb{R}$ と $a \in \mathbb{R}$ に対し，
(1) ある $c > 0$ が存在して，
"$a < x < a+c$ ならば $f(a) < f(x)$" かつ "$a-c < x < a$ ならば $f(x) < f(a)$"
が成り立つとき，f は a において**増加**しているという．また，
"$a < x < a+c$ ならば $f(a) > f(x)$" かつ "$a-c < x < a$ ならば $f(x) > f(a)$"
が成り立つとき，f は a において**減少**しているという．
(2) ある $c > 0$ が存在して，

"$x \in \,]a-c, a+c[\, - \{a\}$ ならば $f(x) \leq f(a)$"

が成り立つとき，f は a において**極大値** $f(a)$ をとるという．また

"$x \in \,]a-c, a+c[\, - \{a\}$ ならば $f(x) \geq f(a)$"

が成り立つとき，f は a において**極小値** $f(a)$ をとるという．極大値と極小値を総称して，**極値**という．

定理 7.4.2 (増加，減少，極値の微分による判定) 微分可能な関数 $f: \mathbb{R} \to \mathbb{R}$ と，$a \in \mathbb{R}$ に対し，

(1) $f'(a) > 0$ ならば，f は a において増加している．
(2) $f'(a) < 0$ ならば，f は a において減少している．
(3) $a \in \mathbb{R}$ において，f が極値をとるならば，$f'(a) = 0$ である．

例題 7.4.3 関数 $f: \mathbb{R} \to \mathbb{R}$, $f(x) = x^3 - x$ の極値を調べよ．

解答 $f'(x) = 3x^2 - 1 = 3\left(x - \dfrac{1}{\sqrt{3}}\right)\left(x + \dfrac{1}{\sqrt{3}}\right)$ より，f が極値をとる可能性のあるのは $\dfrac{1}{\sqrt{3}}$ と $-\dfrac{1}{\sqrt{3}}$ においてのみである．さらに，

$x < -\dfrac{1}{\sqrt{3}}$ に対し $x - \dfrac{1}{\sqrt{3}} < 0, x + \dfrac{1}{\sqrt{3}} < 0$ なので，$f'(x) > 0$,

$-\dfrac{1}{\sqrt{3}} < x < \dfrac{1}{\sqrt{3}}$ に対し $x - \dfrac{1}{\sqrt{3}} < 0, x + \dfrac{1}{\sqrt{3}} > 0$ なので，$f'(x) < 0$,

$x > \dfrac{1}{\sqrt{3}}$ に対し $x - \dfrac{1}{\sqrt{3}} > 0, x + \dfrac{1}{\sqrt{3}} > 0$ なので，$f'(x) > 0$

よって，次の表を得る．

x		$-\dfrac{1}{\sqrt{3}}$		$\dfrac{1}{\sqrt{3}}$	
$f'(x)$	$+$	0	$-$	0	$+$
$f(x)$	増加	極大値	減少	極小値	増加

したがって，$f(x)$ は，

$$x = -\dfrac{1}{\sqrt{3}} \text{ のとき，極大値 } \dfrac{2}{\sqrt{3}}$$

$$x = \frac{1}{\sqrt{3}} \text{ のとき, 極小値 } -\frac{2}{\sqrt{3}}$$

をとる. □

問題 7.4.4 次の関数の極値を調べよ.
(1) $f : \mathbb{R} \to \mathbb{R}$, $f(x) = x^2 + 3x + 1$
(2) $f : \mathbb{R} \to \mathbb{R}$, $f(x) = x^3 + 1$
(3) $f : \mathbb{R} - \{0\} \to \mathbb{R}$, $f(x) = x + \dfrac{1}{x}$

7.5 関数の近似と微分

定義 7.5.1 (関数の変化量の近似) 関数 $f : \mathbb{R} \to \mathbb{R}$ と $a \in \mathbb{R}$ に対し, f の a における変化量を表す関数 $V : \mathbb{R} \to \mathbb{R}$, $V(x) = f(a + x) - f(a)$ を考える.
1 次関数 $L : \mathbb{R} \to \mathbb{R}$, $L(x) = \alpha x$ が,

$$\lim_{h \to 0} \frac{|V(h) - L(h)|}{|h|} = 0$$

を満たすとき, L は, f の a における変化量を表す関数 V を**最もよく近似する 1 次関数**という. f が a において微分可能ならば,

$$\lim_{h \to 0} \frac{|V(h) - L(h)|}{|h|} = \lim_{h \to 0} \frac{|f(a+h) - f(a) - L(h)|}{|h|}$$
$$= \lim_{h \to 0} \frac{|f(a+h) - f(a) - \alpha h|}{|h|} = \lim_{h \to 0} \left| \frac{f(a+h) - f(a)}{h} - \alpha \right| = 0$$

より, $L(x) = f'(a)x$ である. この場合 a から $a + h$ に変化したときの近似の誤差は $|V(h) - L(h)| = |f(a+h) + f(a) - f'(a)h|$ となる.
この 1 次関数 L を f の a における**微分**ともいう (定義 8.1.2 参照).

例題 7.5.2 関数 $f : \mathbb{R} \to \mathbb{R}$, $f(x) = 2x^2 - 3x + 1$ とする,
(1) 2 における f の変化量を最もよく近似する 1 次関数とそれらの誤差を求めよ.

(2) a における f の変化量を最もよく近似する 1 次関数とそれらの誤差を求めよ．

解答 f は微分可能であり，$f'(x) = 4x - 3$ だから，
(1) 2 における f の変化量を最もよく近似する 1 次関数 L は
$$L : \mathbb{R} \to \mathbb{R}, \quad L(x) = f'(2)x = (4 \cdot 2 - 3)x = 5x$$
また，誤差は
$$|f(2+h) - f(2) - L(h)| = |f(2+h) - f(2) - 5h|$$
$$= |2(2+h)^2 - 3(2+h) + 1 - (2 \cdot 2^2 - 3 \cdot 2 + 1) - 5h| = 2h^2$$

(2) a における f の変化量を最もよく近似する 1 次関数 L は
$$L : \mathbb{R} \to \mathbb{R}, \quad L(x) = f'(a)x = (4a - 3)x$$
また，誤差は
$$|f(a+h) - f(a) - L(h)| = |f(a+h) - f(a) - (4a-3)h|$$
$$= |2(a+h)^2 - 3(a+h) + 1 - (2a^2 - 3a + 1) - (4a-3)h|$$
$$= |2(a^2 + 2ah + h^2) - 3(a+h) + 1 - (2a^2 - 3a + 1) - (4a-3)h|$$
$$= 2h^2 \qquad \square$$

問題 7.5.3 次の関数 f に対して，a における f の変化量を最もよく近似する 1 次関数とそれらの誤差を求めよ．
(1) $f : \mathbb{R} \to \mathbb{R}, \ f(x) = 3x + 1$
(2) $f : \mathbb{R} \to \mathbb{R}, \ f(x) = 2x^2 + 5x + 2$
(3) $f : \mathbb{R} \to \mathbb{R}, \ f(x) = x^3 - 3x + 1$
(4) $f : \mathbb{R} - \{0\} \to \mathbb{R}, \ f(x) = \dfrac{1}{x} \qquad (a \neq 0)$

章 末 問 題

7.1 定理 7.1.3 (極限の性質) の (2) を示せ．

7.2 定理 7.3.8 (微分に関する性質) の (3) と (5) を示せ．

7.3 次の定理が成立することが知られている．

定理 (最大値の原理)　閉区間を定義域とする連続関数には最大値と最小値がある．

この定理を用いて，次の定理を証明せよ．

定理 (平均値の定理)　$f: [a, b] \to \mathbb{R}$ を微分可能な関数とすると，ある $c \in \,]a, b[$ が存在して，
$$\frac{f(b) - f(a)}{b - a} = f'(c)$$

8

多変数関数の微分

8.1　n 変数関数の微分

定義 8.1.1（n 変数関数）　$\mathbb{R}^n$（またはその部分集合）を定義域とする関数 $f:\mathbb{R}^n \to \mathbb{R}$ を n **変数関数**という．f による $\boldsymbol{x}=(x_1,x_2,\cdots,x_n)\in\mathbb{R}^n$ の値を $f(\boldsymbol{x})=f(x_1,x_2,\cdots,x_n)$ と表す．

定義 8.1.2（n 変数関数の微分）　関数 $f:\mathbb{R}^n \to \mathbb{R}$ が $\boldsymbol{a}=(a_1,a_2,\cdots,a_n)\in\mathbb{R}^n$ において**微分可能**であるとは，次の式を満たす 1 次関数 $L:\mathbb{R}^n \to \mathbb{R}$, $L(\boldsymbol{x})=L(x_1,\cdots,x_n)=\alpha_1 x_1+\cdots+\alpha_n x_n$, $\alpha_1,\cdots,\alpha_n\in\mathbb{R}$ が存在することである．

$$\lim_{h_1,\cdots,h_n\to 0}\frac{|f(a_1+h_1,\cdots,a_n+h_n)-f(a_1,\cdots,a_n)-L(h_1,\cdots,h_n)|}{\sqrt{h_1^2+\cdots+h_n^2}}$$
$$=\lim_{\boldsymbol{h}\to\boldsymbol{0}}\frac{|f(\boldsymbol{a}+\boldsymbol{h})-f(\boldsymbol{a})-L(\boldsymbol{h})|}{|\boldsymbol{h}|}=0$$

一般に，$\boldsymbol{x}=(x_1,\cdots,x_n)$ に対し $|\boldsymbol{x}|=\sqrt{x_1^2+\cdots+x_n^2}$ と定義する．

このとき，1 次関数 L を f の $\boldsymbol{a}=(a_1,a_2,\cdots,a_n)$ における**微分**といい，$Df(\boldsymbol{a})=Df(a_1,a_2,\cdots,a_n)$ と表す．

定義 8.1.3（微分可能）　$f:\mathbb{R}^n \to \mathbb{R}$ が $\mathbb{R}^n$ のすべての点において微分可能であるとき，$f:\mathbb{R}^n \to \mathbb{R}$ は**微分可能**であるという．

例題 8.1.4　2 変数関数 $f:\mathbb{R}^2 \to \mathbb{R}$, $f(x_1,x_2)=3x_1 x_2-2x_2$ とする

とき，次を微分の定義に従って確かめよ．
(1) f の $(1,0)$ における微分は，$Df(1,0)(h,k) = k$.
(2) f の (a,b) における微分は，$Df(a,b)(h,k) = 3bh + (3a-2)k$.

解答 (1) $\dfrac{|f(1+h, 0+k) - f(1,0) - k|}{\sqrt{h^2 + k^2}} = \dfrac{|3(1+h)k - 2k - 0 - k|}{\sqrt{h^2 + k^2}}$

$= \dfrac{3|hk|}{\sqrt{h^2 + k^2}} = \begin{cases} 0 & (h = 0 \text{ の場合}) \\ \dfrac{3|k|}{\sqrt{1 + (k/h)^2}} & (h \neq 0 \text{ の場合}) \end{cases}$

$h \neq 0$ の場合 $1 \leq \sqrt{1 + (k/h)^2}$ より，$0 \leq \dfrac{3|k|}{\sqrt{1 + (k/h)^2}} \leq 3|k|$ である．

したがって，$\displaystyle\lim_{h,k \to 0} \dfrac{|f(1+h, 0+k) - f(1,0) - k|}{\sqrt{h^2 + k^2}} = 0$.

(2) $\dfrac{|f(a+h, b+k) - f(a,b) - (3bh + (3a-2)k)|}{\sqrt{h^2 + k^2}}$

$= \dfrac{|3(a+h)(b+k) - 2(b+k) - (3ab - 2b) - (3bh + (3a-2)k)|}{\sqrt{h^2 + k^2}}$

$= \dfrac{3|hk|}{\sqrt{h^2 + k^2}} = \begin{cases} 0 & (h = 0 \text{ の場合}) \\ \dfrac{3|k|}{\sqrt{1 + (k/h)^2}} & (h \neq 0 \text{ の場合}) \end{cases}$

したがって，$\displaystyle\lim_{h,k \to 0} \dfrac{|f(a+h, b+k) - f(a,b) - (3bh + (3a-2)k)|}{\sqrt{h^2 + k^2}} = 0$. □

問題 8.1.5 次を微分の定義に従い確かめよ．
(1) $f : \mathbb{R}^2 \to \mathbb{R}$, $f(x_1, x_2) = x_1^2 + 2x_2^2$ の $(1,2)$ における微分は，
$$Df(1,2)(h,k) = 2h + 8k$$
(2) $f : \mathbb{R}^2 \to \mathbb{R}$, $f(x_1, x_2) = x_1 x_2^2$ の $(1,1)$ における微分は，
$$Df(1,1)(h,k) = h + 2k$$
(3) $f : \mathbb{R}^2 \to \mathbb{R}$, $f(x_1, x_2) = x_1^2 - x_2^2$ の (a,b) における微分は，
$$Df(a,b)(h,k) = 2ah - 2bk$$

8.2 方向微分,偏微分

定義 8.2.1 (方向微分) 関数 $f: \mathbb{R}^n \to \mathbb{R}$ とし,$\boldsymbol{a} = (a_1, a_2, \cdots, a_n)$,$\boldsymbol{v} = (v_1, v_2, \cdots, v_n) \in \mathbb{R}^n$ とする.極限値

$$\lim_{t \to 0} \frac{f(\boldsymbol{a} + t\boldsymbol{v}) - f(\boldsymbol{a})}{t}$$
$$= \lim_{t \to 0} \frac{f(a_1 + tv_1, a_2 + tv_2, \cdots, a_n + tv_n) - f(a_1, a_2, \cdots, a_n)}{t}$$

が存在するとき,f は $\boldsymbol{a} = (a_1, a_2, \cdots, a_n)$ において,$\boldsymbol{v} = (v_1, v_2, \cdots, v_n)$ 方向に**方向微分可能である**という.この極限値を f の $\boldsymbol{a} = (a_1, a_2, \cdots, a_n)$ における,$\boldsymbol{v} = (v_1, v_2, \cdots, v_n)$ 方向の**方向微分**であるといい,$D_{\boldsymbol{v}} f(\boldsymbol{a})$ と表す.

定義 8.2.2 (方向微分可能) $f: \mathbb{R}^n \to \mathbb{R}$ が $\mathbb{R}^n$ のすべての点においてすべての方向に方向微分可能であるとき,$f: \mathbb{R}^n \to \mathbb{R}$ は**方向微分可能**であるという.

定義 8.2.3 (偏微分) 特に,$\boldsymbol{e}_i \in \mathbb{R}^n$, $(i = 1, 2, \cdots, n)$ ($\mathbb{R}^n$ の基本ベクトル) とするとき,$\boldsymbol{e}_i$ 方向の方向微分を**第 i 成分方向の偏微分**といい,$D_i f(\boldsymbol{a})$ と表す.

$$D_i f(\boldsymbol{a}) = \lim_{t \to 0} \frac{f(a_1, a_2, \cdots, a_i + t, \cdots, a_n) - f(a_1, a_2, \cdots, a_i, \cdots, a_n)}{t}$$

である.

例題 8.2.4 関数 $f: \mathbb{R}^2 \to \mathbb{R}$,$f(x_1, x_2) = x_1^2 + 2x_2^2$ に対して,
(1) $(2,1)$ における $(1,-1)$ 方向の方向微分 $Df_{(1,-1)}(2,1)$ を求めよ.
(2) $(2,1)$ における $(1,1)$ 方向の方向微分 $Df_{(1,1)}(2,1)$ を求めよ.
(3) $(2,1)$ における第 1 成分方向の偏微分 $Df_1(2,1)$ を求めよ.
(4) $(2,1)$ における第 2 成分方向の偏微分 $Df_2(2,1)$ を求めよ.
(5) (a_1, a_2) における (v_1, v_2) 方向の方向微分 $Df_{(v_1, v_2)}(a_1, a_2)$ を求めよ.

解答 (1) $Df_{(1,-1)}(2,1) = \lim_{t \to 0} \dfrac{f(2+t, 1-t) - f(2,1)}{t}$

$$= \lim_{t \to 0} \frac{(2+t)^2 + 2(1-t)^2 - (2^2 + 2 \times 1^2)}{t} = \lim_{t \to 0} \frac{3t^2}{t} = \lim_{t \to 0} 3t = 0$$

(2) $Df_{(1,1)}(2,1) = \lim_{t \to 0} \dfrac{f(2+t, 1+t) - f(2,1)}{t}$

$$= \lim_{t \to 0} \frac{(2+t)^2 + 2(1+t)^2 - (2^2 + 2 \times 1^2)}{t} = \lim_{t \to 0} \frac{8t + 3t^2}{t} = \lim_{t \to 0}(8 + 3t) = 8$$

(3) $Df_1(2,1) = Df_{(1,0)}(2,1) = \lim_{t \to 0} \dfrac{f(2+t, 1) - f(2,1)}{t}$

$$= \lim_{t \to 0} \frac{(2+t)^2 + 2 \times 1^2 - (2^2 + 2 \times 1^2)}{t} = \lim_{t \to 0} \frac{4t + t^2}{t} = \lim_{t \to 0}(4 + t) = 4$$

(4) $Df_2(2,1) = Df_{(1,1)}(2,1) = \lim_{t \to 0} \dfrac{f(2, 1+t) - f(2,1)}{t}$

$$= \lim_{t \to 0} \frac{2^2 + 2(1+t)^2 - (2^2 + 2 \times 1^2)}{t} = \lim_{t \to 0} \frac{4t + 2t^2}{t} = \lim_{t \to 0}(4 + 2t) = 4$$

(5) $Df_{(v_1,v_2)}(a_1, a_2) = \lim_{t \to 0} \dfrac{f(a_1 + tv_1, a_2 + tv_2) - f(a_1, a_2)}{t}$

$$= \lim_{t \to 0} \frac{(a_1 + tv_1)^2 + 2(a_2 + tv_2)^2 - (a_1^2 + 2a_2^2)}{t}$$

$$= \lim_{t \to 0} \frac{(2a_1 v_1 + 4a_2 v_2)t + (v_1^2 + 2v_2^2)t^2}{t}$$

$$= \lim_{t \to 0}(2a_1 v_1 + 4a_2 v_2 + (v_1^2 + 2v_2^2)t) = 2a_1 v_1 + 4a_2 v_2 \qquad \square$$

問題 8.2.5 関数 $f : \mathbb{R}^2 \to \mathbb{R}$, $f(x_1, x_2) = x_1 + 2x_1 x_2$ に対して,

(1) $(2,1)$ における $(1,-1)$ 方向の方向微分 $Df_{(1,-1)}(2,1)$ を求めよ.

(2) $(2,1)$ における $(1,1)$ 方向の方向微分 $Df_{(1,1)}(2,1)$ を求めよ.

(3) $(2,1)$ における第 1 成分方向の偏微分 $Df_1(2,1)$ を求めよ.

(4) $(2,1)$ における第 2 成分方向の偏微分 $Df_2(2,1)$ を求めよ.

(5) (a_1, a_2) における (v_1, v_2) 方向の方向微分 $Df_{(v_1,v_2)}(a_1, a_2)$ を求めよ.

問題 8.2.6 関数 $f : \mathbb{R}^2 \to \mathbb{R}$, $f(x_1, x_2) = x_1^3 - x_2^3$ に対して,

(1) $(2,1)$ における $(1,-1)$ 方向の方向微分 $Df_{(1,-1)}(2,1)$ を求めよ.

(2) $(2,1)$ における $(1,1)$ 方向の方向微分 $Df_{(1,1)}(2,1)$ を求めよ.

(3) $(2,1)$ における第 1 成分方向の偏微分 $Df_1(2,1)$ を求めよ.

(4) $(2,1)$ における第 2 成分方向の偏微分 $Df_2(2,1)$ を求めよ.

(5) (a_1, a_2) における (v_1, v_2) 方向の方向微分 $Df_{(v_1,v_2)}(a_1, a_2)$ を求めよ．

定理 8.2.7（微分の偏微分による表現）　関数 $f: \mathbb{R}^n \to \mathbb{R}$ は微分可能なら方向微分可能，特に偏微分可能である．このとき $\boldsymbol{a}$ における f の微分 $Df(\boldsymbol{a}): \mathbb{R}^n \to \mathbb{R}$ は次で与えられる．

$$Df(\boldsymbol{a})(\boldsymbol{v}) = Df(\boldsymbol{a})(v_1, v_2, \cdots, v_n)$$
$$= Df_{\boldsymbol{v}}(\boldsymbol{a}) = D_1 f(\boldsymbol{a}) v_1 + D_2 f(\boldsymbol{a}) v_2 + \cdots + D_n f(\boldsymbol{a}) v_n$$

例題 8.2.8　関数 $f: \mathbb{R}^2 \to \mathbb{R}$, $f(x_1, x_2) = x_1^2 - x_1 x_2$ に対して，
(1) $(1, 2)$ における微分 $Df(1, 2)$ を求めよ．
(2) (a, b) における微分 $Df(a, b)$ を求めよ．

解答

(1) $Df_1(1, 2) = \lim_{h \to 0} \dfrac{f(1+h, 2) - f(1, 2)}{h}$
$= \lim_{h \to 0} \dfrac{(1+h)^2 - (1+h) \cdot 2 - (1^2 - 1 \cdot 2)}{h} = \lim_{h \to 0} \dfrac{h^2}{h} = \lim_{h \to 0} h = 0$
$Df_2(1, 2) = \lim_{k \to 0} \dfrac{f(1, 2+k) - f(1, 2)}{k}$
$= \lim_{k \to 0} \dfrac{1^2 - 1(2+k) - (1^2 - 1 \cdot 2)}{k} = \lim_{k \to 0} \dfrac{-k}{k} = \lim_{h \to 0} -1 = -1$
よって，$Df(1, 2): \mathbb{R}^2 \to \mathbb{R}$,
$Df(1, 2)(h, k) = D_1 f(1, 2) h + D_2 f(1, 2) k = 0h + (-1)k = -k$

(2) $Df_1(a, b) = \lim_{h \to 0} \dfrac{f(a+h, b) - f(a, b)}{h}$
$= \lim_{h \to 0} \dfrac{(a+h)^2 - (a+h)b - (a^2 - ab)}{h} = \lim_{h \to 0} \dfrac{(2a - b)h + h^2}{h}$
$= \lim_{h \to 0} (2a - b + h) = 2a - b$
$Df_2(a, b) = \lim_{k \to 0} \dfrac{f(a, b+k) - f(a, b)}{k} = \lim_{k \to 0} \dfrac{a^2 - a(b+k) - (a^2 - ab)}{k}$
$= \lim_{k \to 0} \dfrac{-ak}{k} = \lim_{h \to 0} -a = -a$

よって，
$Df(a,b) : \mathbb{R}^2 \to \mathbb{R}$
$Df(a,b)(v_1, v_2) = D_1 f(a,b) v_1 + D_2 f(a,b) v_2 = (2a-b) v_1 - a v_2$ □

問題 8.2.9 関数 $f : \mathbb{R}^2 \to \mathbb{R}$, $f(x_1, x_2) = x_1 + x_2 + x_1 x_2$ に対して，
(1) $(0,0)$ における微分 $Df(0,0)$ を求めよ．
(2) (a,b) における微分 $Df(a,b)$ を求めよ．

問題 8.2.10 関数 $f : \mathbb{R}^2 \to \mathbb{R}$, $f(x_1, x_2) = x_1^2 x_2^2$ に対して，
(1) $(1,2)$ における微分 $Df(1,2)$ を求めよ．
(2) (a,b) における微分 $Df(a,b)$ を求めよ．

章 末 問 題

8.1 定理 8.2.7 を示せ．

8.2 $f : \mathbb{R}^2 \to \mathbb{R}$, $g_1 : \mathbb{R} \to \mathbb{R}$, $g_2 : \mathbb{R} \to \mathbb{R}$ を微分可能とする．

$$h : \mathbb{R} \to \mathbb{R}, \quad h(x) = f(g_1(x), g_2(x))$$

とするとき，次を示せ．

$$h'(x) = Df(g_1(x), g_2(x))(g_1'(x), g_2'(x))$$
$$= D_1 f(g_1(x), g_2(x)) g_1'(x) + D_2 f(g_1(x), g_2(x)) g_2'(x)$$

9

積　　　分

9.1　定　積　分

定義 9.1.1 (定積分)　閉区間 $[a,b]$ に対し，条件 $a = x_0 < x_1 < \cdots < x_{n-1} < x_n = b$ を満たす $x_0, x_1, \cdots, x_{n-1}, x_n \in \mathbb{R}$ を，$[a,b]$ の**分割**という．

また，$x_k - x_{k-1}, (k = 1, 2, \cdots, n)$ の中の最大値を**分割の幅**という．$c_k \in [x_{k-1}, x_k]$ である任意の実数 $c_k \ (k = 1, 2, \cdots, n)$ に対して，実数

$$\sum_{k=1}^{n}(x_k - x_{k-1})f(c_k)$$

が，分割を分割の幅が 0 に近づいていくようなものに取り替えていくかぎり，どのような分割に対しても一定の実数に近づくとき，f は，$[a,b]$ で**積分可能**という．また，その一定の実数を，f の $[a,b]$ での**定積分**といい，$\int_a^b f(x)dx$ と表す．このとき，$[a,b]$ を**積分区間**という．

(1) $\int_a^a f(x)dx = 0$ と定義する．

(2) $\int_b^a f(x)dx = -\int_a^b f(x)dx$ と定義する．

定理 9.1.2 (連続関数の積分可能性)　関数 $f : \mathbb{R} \to \mathbb{R}$ が閉区間 $[a,b]$ で連続ならば，f は $[a,b]$ で積分可能である．したがって，例えば多項式関数は積分可能である．

9.1 定積分

定理 9.1.3 (定積分の性質)　$f: \mathbb{R} \to \mathbb{R}$ は積分可能とする.
(1) $\displaystyle\int_a^b f(x)dx = \int_a^c f(x)dx + \int_c^b f(x)dx$ が成立する.
(2) $\displaystyle\int_a^b (\alpha f(x) + \beta g(x))dx = \alpha \int_a^b f(x)dx + \beta \int_a^b g(x)dx$ が成立する.
(3) 閉区間 $[a,b]$ での f の最大値と最小値をそれぞれ M, m とすると, 以下が成立する.
$$(b-a)m \leq \int_a^b f(x)dx \leq (b-a)M$$

例題 9.1.4　関数 $f: \mathbb{R} \to \mathbb{R}$, $f(x) = x^2$ に対し, 定積分 $\displaystyle\int_0^1 f(x)dx$ の値を定積分の定義に従って求めよ.

解答　f は閉区間 $[0,1]$ で連続であるから, 定理より f は $[0,1]$ で積分可能である. $[0,1]$ の分割として $0, \dfrac{1}{n}, \dfrac{2}{n}, \cdots, \dfrac{n-1}{n}, 1$ をとる. n を大きくしてしていくと, この分割の幅は 0 に近づいていく. 区間 $\left[\dfrac{k-1}{n}, \dfrac{k}{n}\right]$ 内の数として $\dfrac{k}{n}$ をとる.
$$\sum_{k=1}^n \left(\frac{k}{n} - \frac{k-1}{n}\right) f\left(\frac{k}{n}\right) = \sum_{k=1}^n \frac{1}{n}\left(\frac{k}{n}\right)^2 = \frac{1}{n^3}\sum_{k=1}^n k^2 = \frac{1}{n^3}\frac{n(n+1)(2n+1)}{6}$$
$= \dfrac{(1+1/n)(2+1/n)}{6}$ ここで, n を大きくしていくとこの数は $\dfrac{(1+0)(2+0)}{6} = \dfrac{1}{3}$ に近づいていく. したがって, $\displaystyle\int_0^1 f(x)dx = \int_0^1 x^2 dx = \dfrac{1}{3}$ である.　□

注意　積分可能であることは知っているので, 区間 $[0,1]$ の分割は分割の幅が 0 に近づくものなら何を採用してもよいし, 分割によって決まる各区間内の数もどれをとってもよい.

問題 9.1.5　次の定積分の値を定積分の定義に従って求めよ.
(1) $f: \mathbb{R} \to \mathbb{R}$, $f(x) = 5$ とするとき, $\displaystyle\int_0^1 f(x)dx$.

(2) $f: \mathbb{R} \to \mathbb{R}$, $f(x) = 3 - x$ とするとき，$\displaystyle\int_{-1}^{1} f(x)dx$.

(3) $f: \mathbb{R} \to \mathbb{R}$, $f(x) = (x-1)(x-2)$ とするとき，$\displaystyle\int_{1}^{2} f(x)dx$.

9.2 原 始 関 数

定義 9.2.1 (原始関数) 関数 $f: \mathbb{R} \to \mathbb{R}$ とする．微分可能な関数 $F: \mathbb{R} \to \mathbb{R}$ で，その導関数 $F': \mathbb{R} \to \mathbb{R}$ が f に等しいものを，f の**原始関数**という．一般に，関数 F が関数 f の原始関数であれば，任意の定数 c に対し，関数 $F + c$ は f の原始関数であり，逆に任意の f の原始関数は適当な $c \in \mathbb{R}$ で $F + c$ と表される．関数 f の原始関数をまとめて考えて，f の**不定積分**と呼び，$\displaystyle\int f(x)dx$ と表すことがある．

例 9.2.2 (原始関数) $F: \mathbb{R} \to \mathbb{R}$, $F(x) = \dfrac{x^{n+1}}{n+1} + c$ (c は任意の定数) とすると，$F'(x) = x^n$ であるから，F は $f: \mathbb{R} \to \mathbb{R}$, $f(x) = x^n$ の原始関数である．

例題 9.2.3 次の関数の原始関数を求めよ．
(1) $f: \mathbb{R} \to \mathbb{R}$, $f(x) = x + 3$
(2) $f: \mathbb{R} \to \mathbb{R}$, $f(x) = x^3 + 2x^2 - x + 1$

解答 原始関数が 1 つ見つかれば，それに定数を加えたものはすべて原始関数である．また，$f: \mathbb{R} \to \mathbb{R}$, $f(x) = x^n$ の原始関数の 1 つが $f: \mathbb{R} \to \mathbb{R}$, $f(x) = \dfrac{1}{n+1} x^{n+1}$ であることと，微分の性質を用いる．

(1) $F: \mathbb{R} \to \mathbb{R}$, $F(x) = \dfrac{x^2}{2} + 3x$ とすると，

$F'(x) = \left(\dfrac{x^2}{2} + 3x\right)' = \left(\dfrac{x^2}{2}\right)' + (3x)' = \dfrac{1}{2}(x^2)' + 3(x)' = \dfrac{1}{2} \cdot 2x + 3 \cdot 1 = x + 3$

であるから，F は f の原始関数である．したがって，f の原始関数は

$$F: \mathbb{R} \to \mathbb{R}, \quad F(x) = \frac{x^2}{2} + 3x + c \qquad (c \text{ は任意の実数})$$

(2) $F: \mathbb{R} \to \mathbb{R}, F(x) = \dfrac{x^4}{4} + \dfrac{2x^3}{3} - \dfrac{x^2}{2} + x$ とすると,

$$F'(x) = \left(\frac{x^4}{4} + \frac{2x^3}{3} - \frac{x^2}{2} + x\right)' = \left(\frac{x^4}{4}\right)' + \left(\frac{2x^3}{3}\right)' - \left(\frac{x^2}{2}\right)' + (x)'$$
$$= \frac{1}{4} \cdot 4x^3 + \frac{2}{3} \cdot 3x^2 - \frac{1}{2} \cdot 2x + 1 = x^3 + 2x^2 - x + 1$$

であるから, F は f の原始関数である. したがって, f の原始関数は

$$F: \mathbb{R} \to \mathbb{R}, \quad F(x) = \frac{x^4}{4} + \frac{2x^3}{3} - \frac{x^2}{2} + x + c \qquad (c \text{ は任意の実数}) \qquad \square$$

問題 9.2.4 次の関数の原始関数を求めよ.
(1) $f: \mathbb{R} \to \mathbb{R}, \ f(x) = 3x + 1$
(2) $f: \mathbb{R} \to \mathbb{R}, \ f(x) = x^2 - 3x + 1$
(3) $f: \mathbb{R} \to \mathbb{R}, \ f(x) = (x+1)(x+2)$
(4) $f: \mathbb{R} \to \mathbb{R}, \ f(x) = \dfrac{1}{x^2}$

9.3 定積分と原始関数の関係

定理 9.3.1 (微積分学の基本定理) 関数 $F: \mathbb{R} \to \mathbb{R}$ を連続関数 $f: \mathbb{R} \to \mathbb{R}$ の原始関数とする. このとき,

$$\int_a^b f(x)dx = F(b) - F(a)$$

例題 9.3.2 微積分学の基本定理を用いて, 次の定積分の値を求めよ.
(1) $\displaystyle\int_1^2 x^2 dx$ (2) $\displaystyle\int_0^1 (x^3 + 2x - 1)dx$ (3) $\displaystyle\int_1^2 \frac{1}{x^2} dx$

解答 (1) $f: \mathbb{R} \to \mathbb{R}, \ f(x) = x^2$ とし, $F: \mathbb{R} \to \mathbb{R}, \ F(x) = \dfrac{x^3}{3}$ とすれ

ば，F は f の原始関数であるから，$\int_1^2 f(x)dx = \int_1^2 x^2 dx = F(2) - F(1) = \dfrac{2^3}{3} - \dfrac{1^3}{3} = \dfrac{7}{3}$.

(2) $f : \mathbb{R} \to \mathbb{R}$, $f(x) = x^3 + 2x - 1$ とし，$F : \mathbb{R} \to \mathbb{R}$, $F(x) = \dfrac{x^4}{4} + x^2 - x$ とすれば，F は f の原始関数であるから，$\int_0^1 f(x)dx = \int_0^1 (x^3 + 2x - 1)dx = F(1) - F(0) = \left(\dfrac{1^4}{4} + 1^2 - 1 \right) - \left(\dfrac{0^4}{4} + 0^2 - 0 \right) = \dfrac{1}{4}$.

(3) $f : \mathbb{R} \to \mathbb{R}$, $f(x) = \dfrac{1}{x^2}$ とし，$F : \mathbb{R} \to \mathbb{R}$, $F(x) = -\dfrac{1}{x}$ とすれば，$F'(x) = -\left(\dfrac{1}{x} \right)' = -\dfrac{(1)'x - 1(x)'}{x^2} = \dfrac{1}{x^2}$ より F は f の原始関数であるから，$\int_1^2 f(x)dx = \int_1^2 \dfrac{1}{x} dx = F(2) - F(1) = -\dfrac{1}{2^2} - \left(-\dfrac{1}{1^2} \right) = \dfrac{3}{4}$. □

問題 9.3.3 微積分学の基本定理を用いて，次の定積分の値を求めよ．

(1) $\int_2^3 (1 + 2x)dx$ (2) $\int_{-1}^1 (1 - x^2)dx$

(3) $\int_0^3 (x^3 + x^2 + x + 1)dx$ (4) $\int_2^3 \dfrac{1}{x^2} dx$

章 末 問 題

9.1 定理 9.1.3 の (3) を示せ．

9.2 $F_1 : \mathbb{R} \to \mathbb{R}$, $F_2 : \mathbb{R} \to \mathbb{R}$ が $f : \mathbb{R} \to \mathbb{R}$ の原始関数ならば，ある定数 C が存在して，$F_2 = F_1 + C$ となることを示せ．

9.3 (1) $f : \mathbb{R} \to \mathbb{R}$ を微分可能，$g : \mathbb{R} \to \mathbb{R}$ を積分可能とし g の原始関数を $G : \mathbb{R} \to \mathbb{R}$ とする．次式を示せ．

$$\int_a^b f(x)g(x)dx = f(b)G(b) - f(a)G(a) - \int_a^b f'(x)G(x)dx$$

(2) $f: \mathbb{R} \to \mathbb{R}$ を積分可能とし，$g: \mathbb{R} \to \mathbb{R}$ を微分可能とする．次式を示せ．

$$\int_a^b f(g(x))g'(x)dx = \int_{g(a)}^{g(b)} f(x)dx$$

問題解答

● 第 1 章

1.1.10
$$\begin{pmatrix} 0 & -1 & -1 \\ 0 & 0 & -1 \\ 0 & 0 & 0 \end{pmatrix}$$

1.2.7

(1) (-1) (2) $\begin{pmatrix} 0 & -8 & -3 \\ -10 & -2 & 8 \\ -7 & 4 & -18 \end{pmatrix}$ (3) $\begin{pmatrix} 3 & 2 & 1 & 1 & 2 & 3 \\ 2 & 2 & 1 & 0 & 1 & 2 \\ 1 & 1 & 1 & 0 & 0 & 1 \end{pmatrix}$

1.2.10 (1) A^2, A^3 を計算すると，
$$A^2 = \begin{pmatrix} a^2 & 0 & 0 \\ 0 & b^2 & 0 \\ 0 & 0 & c^2 \end{pmatrix}, \quad A^3 = \begin{pmatrix} a^3 & 0 & 0 \\ 0 & b^3 & 0 \\ 0 & 0 & c^3 \end{pmatrix}$$

これより，
$$A^n = \begin{pmatrix} a^n & 0 & 0 \\ 0 & b^n & 0 \\ 0 & 0 & c^n \end{pmatrix}$$

と推測される．このことを示すには帰納法を用いる．まず，$n=1$ のときは正しい．次にある値 (例えば, k) でこの式が成立しているとき，次の値 $(k+1)$ においてもこの式が成立する．
ということを示す．このことが示せれば，$n=1$ のとき成立しているので，$n=1+1=2$ でも成立，したがっての $n=2+13$ ときも成立…ということになりすべての n について成立することが示される．(このように証明する方法を数学的帰納法という．) では，

が成立しているとき，$k+1$ のときも正しいことを示す．

$$A^{k+1} = A^k A = \begin{pmatrix} a^k & 0 & 0 \\ 0 & b^k & 0 \\ 0 & 0 & c^k \end{pmatrix} \begin{pmatrix} a & 0 & 0 \\ 0 & b & 0 \\ 0 & 0 & c \end{pmatrix}$$

であり，これを計算して

$$A^{k+1} = A^k A = \begin{pmatrix} a^k & 0 & 0 \\ 0 & b^k & 0 \\ 0 & 0 & c^k \end{pmatrix} \begin{pmatrix} a & 0 & 0 \\ 0 & b & 0 \\ 0 & 0 & c \end{pmatrix} = \begin{pmatrix} a^{k+1} & 0 & 0 \\ 0 & b^{k+1} & 0 \\ 0 & 0 & c^{k+1} \end{pmatrix}$$

となる．

(2) $\quad A^2 = \begin{pmatrix} 1 & 0 & 0 \\ 0 & -1 & 0 \\ 0 & 0 & -1 \end{pmatrix}, \quad A^3 = A^2 A = \begin{pmatrix} 1 & 0 & 0 \\ 0 & 1 & 0 \\ 0 & 0 & 1 \end{pmatrix}$

であるので，数学的帰納法を用いるまでもなく，

$$n = 3k \text{ のとき，} A^n = A^{3k} = (A^3)^k = E^k = E$$

$$n = 3k+1 \text{ のとき，} A^n = A^{3k+1} = A^{3k} A = EA = A$$

$$n = 3k+2 \text{ のとき，} A^{3k+2} = A^{3k} A^2 = EA^2 = A^2$$

となる (ただし k は正の整数)．

注意 (2) の証明で数学的帰納法を使わなかったが，$E^k = E$ であるということを示したかったら数学的帰納法を用いるのが 1 つの方法である．

章末問題
1.1

(1)
$$\begin{pmatrix} 27 & 0 & 15 \\ -7 & -5 & -10 \\ -9 & 0 & -5 \end{pmatrix}$$

(2) $ax^2 + by^2 + cz^2 + (b+e)xy + (c+h)yz + (g+i)xz$

1.2

(1) $\delta_{i,j} + \delta_{i+2,j} + \delta_{i,j+1}$

(2) $\delta_{i+1,j} + \delta_{i,j+1}$

1.3
$$X = \frac{8A - 3B}{5}$$

1.4
$$X^2 = \begin{pmatrix} a^2 + bc & (a+d)b \\ (a+d)c & d^2 + bc \end{pmatrix} = \begin{pmatrix} 1 & 0 \\ 0 & 1 \end{pmatrix}$$

より,
$$a^2 + bc = d^2 + bc = 1, \quad (a+d)b = (a+d)c = c$$

条件より $a + d \neq 0$ なので, $b = 0$, $c = 0$ となり, $a^2 = d^2 = 1$ を得る. このことから行列 X は, 次の4通り.

$$\begin{pmatrix} 1 & 0 \\ 0 & 1 \end{pmatrix}, \begin{pmatrix} -1 & 0 \\ 0 & 1 \end{pmatrix}, \begin{pmatrix} 1 & 0 \\ 0 & -1 \end{pmatrix}, \begin{pmatrix} -1 & 0 \\ 0 & -1 \end{pmatrix}$$

1.5

(1) $A^n = \begin{pmatrix} 1 & n & n(n-1)/2 \\ 0 & 1 & n \\ 0 & 0 & 1 \end{pmatrix}$

(2) $n = 3k$ のとき, $A^n = \begin{pmatrix} 2^n & 0 & 0 \\ 0 & 1 & 0 \\ 0 & 0 & 1 \end{pmatrix}$

$n = 3k+1$ のとき, $A^n = \begin{pmatrix} 2^n & 0 & 0 \\ 0 & -1/2 & \sqrt{3}/2 \\ 0 & -\sqrt{3}/2 & -1/2 \end{pmatrix}$

$n = 3k+2$ のとき, $A = A^2 = \begin{pmatrix} 2^n & 0 & 0 \\ 0 & -1/2 & -\sqrt{3}/2 \\ 0 & -\sqrt{3}/2 & -1/2 \end{pmatrix}$

● 第 2 章

2.1.2

(1) 係数行列は $\begin{pmatrix} 2 & -1 & 3 \\ 1 & 2 & 1 \end{pmatrix}$, 拡大係数行列は $\left(\begin{array}{ccc|c} 2 & -1 & 3 & 2 \\ 1 & 2 & 1 & 1 \end{array}\right)$

i) $\begin{pmatrix} 2 & -1 & 3 \\ 1 & 2 & 1 \end{pmatrix} \begin{pmatrix} x_1 \\ x_2 \\ x_3 \end{pmatrix} = \begin{pmatrix} 2 \\ 1 \end{pmatrix}$

ii) $x_1 \begin{pmatrix} 2 \\ 1 \end{pmatrix} + x_2 \begin{pmatrix} -1 \\ 2 \end{pmatrix} + x_3 \begin{pmatrix} 3 \\ 1 \end{pmatrix} = \begin{pmatrix} 2 \\ 1 \end{pmatrix}$

(2) 係数行列は $\begin{pmatrix} 1 & 1 & 1 & 1 \\ 2 & 3 & 2 & 4 \\ 0 & -2 & 1 & 1 \\ 1 & 1 & 1 & 0 \end{pmatrix}$, 拡大係数行列は $\left(\begin{array}{cccc|c} 1 & 1 & 1 & 1 & 2 \\ 2 & 3 & 2 & 4 & 5 \\ 0 & -2 & 1 & 1 & 1 \\ 1 & 1 & 1 & 0 & 1 \end{array}\right)$

i) $\begin{pmatrix} 1 & 1 & 1 & 1 \\ 2 & 3 & 2 & 4 \\ 0 & -2 & 1 & 1 \\ 1 & 1 & 1 & 0 \end{pmatrix} \begin{pmatrix} x_1 \\ x_2 \\ x_3 \\ x_4 \end{pmatrix} = \begin{pmatrix} 2 \\ 5 \\ 1 \\ 1 \end{pmatrix}$

ii) $x_1 \begin{pmatrix} 1 \\ 2 \\ 0 \\ 1 \end{pmatrix} + x_2 \begin{pmatrix} 1 \\ 3 \\ -2 \\ 1 \end{pmatrix} + x_3 \begin{pmatrix} 1 \\ 2 \\ 1 \\ 1 \end{pmatrix} + x_4 \begin{pmatrix} 1 \\ 4 \\ 1 \\ 0 \end{pmatrix} = \begin{pmatrix} 2 \\ 5 \\ 1 \\ 1 \end{pmatrix}$

2.2.4 (1) 拡大係数行列は次のように変形される.

$$\left(\begin{array}{ccc|c} 2 & 1 & 1 & 15 \\ 3 & 5 & 1 & 25 \\ 1 & 4 & 5 & 6 \end{array}\right) \to \left(\begin{array}{ccc|c} 1 & 0 & 0 & 4 \\ 0 & 1 & 0 & 3 \\ 0 & 0 & 1 & -2 \end{array}\right)$$

よって連立 1 次方程式は

$$\begin{cases} x_1 & = 4 \\ x_2 & = 3 \\ x_3 = -2 \end{cases}$$

となるので, 解は $x_1 = 4, x_2 = 3, x_3 = -2$ である.

(2) 拡大係数行列は次のように変形される.

$$\begin{pmatrix} 1 & 1 & 2 & 3 & | & 1 \\ 2 & 3 & 5 & 2 & | & -3 \\ 3 & -1 & -1 & -2 & | & -4 \\ 3 & 5 & 2 & -2 & | & -10 \end{pmatrix} \to \begin{pmatrix} 1 & 0 & 0 & 0 & | & -1 \\ 0 & 1 & 0 & 0 & | & -1 \\ 0 & 0 & 1 & 0 & | & 0 \\ 0 & 0 & 0 & 1 & | & 1 \end{pmatrix}$$

よって連立1次方程式は

$$\begin{cases} x_1 = -1 \\ x_2 = -1 \\ x_3 = 0 \\ x_4 = 1 \end{cases}$$

となるので,解は $x_1 = -1$, $x_2 = -1$, $x_3 = 0$, $x_4 = 1$ である.

2.3.7

(1)
$$\begin{pmatrix} 0 & 0 & 1 & 2 \\ 0 & 1 & 3 & -2 \\ 1 & 0 & 0 & 0 \end{pmatrix}$$

↓ 1行と3行を入れ替えると

$$\begin{pmatrix} 1 & 0 & 0 & 0 \\ 0 & 0 & 1 & 2 \\ 0 & 1 & 3 & -2 \end{pmatrix}$$

となり,簡約な行列となる.

(3)
$$\begin{pmatrix} 0 & 2 & 2 & 0 & 3 \\ 0 & 0 & 0 & 0 & 0 \\ 0 & 0 & 0 & 1 & -1 \\ 0 & 0 & 0 & 0 & 0 \end{pmatrix}$$

↓ 1行に1/2を掛けて

$$\begin{pmatrix} 0 & 1 & 1 & 0 & 1/2 \\ 0 & 0 & 0 & 0 & 0 \\ 0 & 0 & 0 & 1 & -1 \\ 0 & 0 & 0 & 0 & 0 \end{pmatrix}$$

と,簡約行列を得る.

2.3.12

(1)
$$\begin{pmatrix} 1 & 2 & -3 \\ 1 & -2 & 1 \\ 5 & -2 & -3 \end{pmatrix} \to \begin{pmatrix} 1 & 2 & -3 \\ 0 & -4 & 4 \\ 0 & -12 & 12 \end{pmatrix}$$

$$\begin{pmatrix} 1 & 2 & -3 \\ 0 & 1 & -1 \\ 0 & -12 & 12 \end{pmatrix} \to \begin{pmatrix} 1 & 0 & -1 \\ 0 & 1 & -1 \\ 0 & 0 & 0 \end{pmatrix}$$

と簡約化され，階数は 2 である．

(2)
$$\begin{pmatrix} 1 & 1 & 0 & 1 & 4 \\ 1 & 1 & 1 & 0 & 5 \\ 2 & 0 & 0 & 4 & 7 \end{pmatrix} \to \begin{pmatrix} 1 & 1 & 0 & 1 & 4 \\ 0 & 0 & 1 & -1 & 1 \\ 0 & -2 & 0 & 2 & -1 \end{pmatrix}$$

$$\to \begin{pmatrix} 1 & 1 & 0 & 1 & 4 \\ 0 & -2 & 0 & 2 & -1 \\ 0 & 0 & 1 & -1 & 1 \end{pmatrix} \to \begin{pmatrix} 1 & 1 & 0 & 1 & 4 \\ 0 & 1 & 0 & -1 & 1/2 \\ 0 & 0 & 1 & -1 & 1 \end{pmatrix}$$

$$\to \begin{pmatrix} 1 & 0 & 0 & 2 & 7/2 \\ 0 & 1 & 0 & -1 & 1/2 \\ 0 & 0 & 1 & -1 & 1 \end{pmatrix}$$

と簡約化され，階数は 3 である．

(3) まず簡約化してみる．

$$\begin{pmatrix} 1 & 1 & 1 & 1 & 4 \\ 1 & \lambda & 1 & 1 & 4 \\ 1 & 1 & \lambda & 3-\lambda & 6 \\ 2 & 2 & 2 & \lambda & 6 \end{pmatrix} \to \begin{pmatrix} 1 & 1 & 1 & 1 & 4 \\ 0 & \lambda-1 & 0 & 0 & 0 \\ 0 & 0 & \lambda-1 & 2-\lambda & 2 \\ 0 & 0 & 0 & \lambda-2 & -2 \end{pmatrix}$$

ここで，第 2 行，第 3 行の主成分を 1 にするためで各行を $(\lambda-1)$ で割りたい．その操作ができるのは $\lambda \neq 1$ のときで，したがって 2 つの場合を考えなければならない．

$$\text{(i)} \ \lambda = 1, \quad \text{(ii)} \ \lambda \neq 1$$

(i) のとき行列は

$$\begin{pmatrix} 1 & 1 & 1 & 1 & 4 \\ 0 & 0 & 0 & 0 & 0 \\ 0 & 0 & 0 & 1 & 2 \\ 0 & 0 & 0 & -1 & -2 \end{pmatrix}$$

となるので,さらに簡約化して

$$\begin{pmatrix} 1 & 1 & 1 & 0 & 2 \\ 0 & 0 & 0 & 1 & 2 \\ 0 & 0 & 0 & 0 & 0 \\ 0 & 0 & 0 & 0 & 0 \end{pmatrix}$$

となり,簡約行列を得る.このとき階数は 2 である.

さて (ii) のときは第 2 行,第 3 行を $(\lambda - 1)$ で割って,

$$\begin{pmatrix} 1 & 1 & 1 & 1 & 4 \\ 0 & 1 & 0 & 0 & 0 \\ 0 & 0 & 1 & \dfrac{2-\lambda}{\lambda-1} & \dfrac{2}{\lambda-1} \\ 0 & 0 & 0 & \lambda-2 & -2 \end{pmatrix} \rightarrow \begin{pmatrix} 1 & 0 & 0 & \dfrac{2\lambda-3}{\lambda-1} & \dfrac{2(2\lambda-3)}{\lambda-1} \\ 0 & 1 & 0 & 0 & 0 \\ 0 & 0 & 1 & \dfrac{2-\lambda}{\lambda-1} & \dfrac{2}{\lambda-1} \\ 0 & 0 & 0 & \lambda-2 & -2 \end{pmatrix}$$

ここでも,

(iii) $\lambda - 2 = 0$, (iv) $\lambda - 2 \neq 0$

の 2 通りの場合が考えられて,(iii) のとき行列は

$$\begin{pmatrix} 1 & 0 & 0 & 1 & 2 \\ 0 & 1 & 0 & 0 & 0 \\ 0 & 0 & 1 & 0 & 2 \\ 0 & 0 & 0 & 0 & -2 \end{pmatrix} \rightarrow \begin{pmatrix} 1 & 0 & 0 & 1 & 0 \\ 0 & 1 & 0 & 0 & 0 \\ 0 & 0 & 1 & 0 & 0 \\ 0 & 0 & 0 & 0 & 1 \end{pmatrix}$$

となり簡約行列となる.このとき階数は 4 である.

(iv) のときは,第 4 行を $(\lambda - 2)$ で割って

$$\begin{pmatrix} 1 & 0 & 0 & \dfrac{2\lambda-3}{\lambda-1} & \dfrac{2(2\lambda-3)}{\lambda-1} \\ 0 & 1 & 0 & 0 & 0 \\ 0 & 0 & 1 & \dfrac{2-\lambda}{\lambda-1} & \dfrac{2}{\lambda-1} \\ 0 & 0 & 0 & 1 & \dfrac{-2}{\lambda-2} \end{pmatrix} \rightarrow \begin{pmatrix} 1 & 0 & 0 & 0 & \dfrac{2(2\lambda-3)}{\lambda-2} \\ 0 & 1 & 0 & 0 & 0 \\ 0 & 0 & 1 & 0 & 0 \\ 0 & 0 & 0 & 1 & \dfrac{-2}{\lambda-2} \end{pmatrix}$$

と簡約化できる．このとき階数は 4 である．

2.4.2 (1) 拡大係数行列は，

$$\begin{pmatrix} 1 & 2 & 3 & 3 & 3 \\ 1 & 0 & 1 & 1 & 3 \\ 1 & 1 & 1 & 1 & 1 \end{pmatrix} \to \begin{pmatrix} 1 & 0 & 0 & 0 & 2 \\ 0 & 1 & 0 & 0 & -2 \\ 0 & 0 & 1 & 1 & 1 \end{pmatrix}$$

と変形され，これから主成分に対応しない未知数 x_4 に c を代入して

$$\begin{pmatrix} x_1 \\ x_2 \\ x_3 \\ x_4 \end{pmatrix} = \begin{pmatrix} 2 \\ -2 \\ 1 \\ 0 \end{pmatrix} + c \begin{pmatrix} 0 \\ 0 \\ -1 \\ 1 \end{pmatrix} \quad (c \text{ は任意の実数})$$

(2) 拡大係数行列は，

$$\begin{pmatrix} 1 & -1 & 0 & -1 & -5 & -1 \\ 2 & 1 & -1 & -4 & 1 & -1 \\ 1 & 1 & 1 & -4 & -6 & 3 \\ 1 & 4 & 2 & -8 & -5 & 8 \end{pmatrix} \to \begin{pmatrix} 1 & 0 & 0 & -2 & -3 & 0 \\ 0 & 1 & 0 & -1 & 2 & 1 \\ 0 & 0 & 1 & -1 & 5 & 2 \\ 0 & 0 & 0 & 0 & 0 & 0 \end{pmatrix}$$

と変形され，これから主成分に対応しない未知数 x_4, x_5 に c_1, c_2 を代入して

$$\begin{pmatrix} x_1 \\ x_2 \\ x_3 \\ x_4 \\ x_5 \end{pmatrix} = \begin{pmatrix} 0 \\ 1 \\ 2 \\ 0 \\ 0 \end{pmatrix} + c_1 \begin{pmatrix} 2 \\ 1 \\ 1 \\ 1 \\ 0 \end{pmatrix} + c_2 \begin{pmatrix} 3 \\ -2 \\ -5 \\ 0 \\ 1 \end{pmatrix} \quad (c_1, c_2 \text{ は任意の実数})$$

2.4.5
(1) 拡大係数行列は，

$$\begin{pmatrix} 1 & 1 & 1 & 1 \\ 2 & -1 & 2 & 1 \\ 1 & 2 & 1 & \alpha \end{pmatrix} \to \begin{pmatrix} 1 & 0 & 1 & 2-\alpha \\ 0 & 1 & 0 & -1 \\ 0 & 0 & 0 & 3\alpha-4 \end{pmatrix}$$

と変形され，この方程式は $\alpha \neq \dfrac{4}{3}$ のとき解をもたず，$\alpha = \dfrac{4}{3}$ のとき

$$\begin{pmatrix} 1 & 0 & 1 & 2/3 \\ 0 & 1 & 0 & -1 \\ 0 & 0 & 0 & 0 \end{pmatrix}$$

となるので，解は

$$\begin{pmatrix} x_1 \\ x_2 \\ x_3 \end{pmatrix} = \begin{pmatrix} 2/3 \\ -1 \\ 0 \end{pmatrix} + c \begin{pmatrix} -1 \\ 0 \\ 1 \end{pmatrix} \quad (c \text{ は任意の実数})$$

となる．

(2) 拡大係数行列は，

$$\begin{pmatrix} 1 & -3 & -1 & -10 & \alpha \\ 1 & 1 & 1 & 0 & 5 \\ 2 & 0 & 0 & -4 & 7 \\ 1 & 1 & 0 & 1 & 4 \end{pmatrix} \rightarrow \begin{pmatrix} 1 & 0 & 0 & -2 & 7/2 \\ 0 & 1 & 0 & 3 & 1/2 \\ 0 & 0 & 1 & -1 & 1 \\ 0 & 0 & 0 & 0 & \alpha-1 \end{pmatrix}$$

と変形され，この方程式は $\alpha \neq 1$ のとき解をもたず，$\alpha = 1$ のとき

$$\begin{pmatrix} 1 & 0 & 0 & -2 & 7/2 \\ 0 & 1 & 0 & 3 & 1/2 \\ 0 & 0 & 1 & -1 & 1 \\ 0 & 0 & 0 & 0 & 0 \end{pmatrix}$$

となるので，解は

$$\begin{pmatrix} x_1 \\ x_2 \\ x_3 \\ x_4 \end{pmatrix} = \begin{pmatrix} 7/2 \\ 1/2 \\ 1 \\ 0 \end{pmatrix} + c \begin{pmatrix} 2 \\ -3 \\ 1 \\ 1 \end{pmatrix} \quad (c \text{ は任意の実数})$$

となる．

2.5.4

(1) $\begin{pmatrix} 2 & 2 & 3 \\ 1 & -1 & 0 \\ -1 & 2 & 1 \end{pmatrix}^{-1} = \begin{pmatrix} 1 & -4 & 3 \\ 1 & -5 & -3 \\ -1 & 6 & 4 \end{pmatrix}$

(2) $\begin{pmatrix} 1 & 1 & -2 & 0 \\ -1 & 0 & 1 & -1 \\ 2 & 1 & 0 & 4 \\ 1 & -1 & 1 & 3 \end{pmatrix}^{-1} = \begin{pmatrix} -3 & -4 & 1 & -2 \\ 2/3 & 4/3 & 1/3 & 0 \\ -5/3 & -4/3 & 2/3 & -1 \\ 4/3 & 5/3 & -1/3 & 1 \end{pmatrix}$

2.5.6
$$A_1 A_2 \cdots A_k A_k^{-1} A_{k-1}^{-1} \cdots A_1^{-1} = A_1 A_2 \cdots A_{k-1} E A_{k-1}^{-1} \cdots A_1^{-1}$$
$$= A_1 A_2 \cdots A_{k-1} A_{k-1}^{-1} \cdots A_1^{-1}$$
$$\vdots$$
$$= A_1 A_1^{-1} = E$$

章末問題

2.1 零ベクトルでない行ベクトルに1つ主成分があるので.

2.2 拡大係数行列を変形して

$$\left(\begin{array}{cccc|c} 1 & 1 & 2 & 3 & 1 \\ 1 & 3 & 6 & 1 & 3 \\ 3 & -1 & -\alpha & 15 & 3 \\ 1 & -5 & -10 & 12 & \beta \end{array}\right) \to \left(\begin{array}{cccc|c} 1 & 0 & 0 & 4 & 0 \\ 0 & 1 & 2 & -1 & 1 \\ 0 & 0 & 2-\alpha & 2 & 4 \\ 0 & 0 & 0 & 3 & \beta+5 \end{array}\right)$$

となり, $\alpha \neq 2$ のとき拡大係数行列の階数は4となり, 解の個数は1. したがって, $\alpha = 2$ でなければならない. このときさらに

$$\left(\begin{array}{cccc|c} 1 & 0 & 0 & 4 & 0 \\ 0 & 1 & 2 & -1 & 1 \\ 0 & 0 & 0 & 2 & 4 \\ 0 & 0 & 0 & 3 & \beta+5 \end{array}\right) \to \left(\begin{array}{cccc|c} 1 & 0 & 0 & 0 & -8 \\ 0 & 1 & 2 & 0 & 3 \\ 0 & 0 & 0 & 1 & 2 \\ 0 & 0 & 0 & 0 & \beta-1 \end{array}\right)$$

となるので, $\beta = 1$ である. このときの解は

$$\begin{pmatrix} x_1 \\ x_2 \\ x_3 \\ x_4 \end{pmatrix} = \begin{pmatrix} -8 \\ 3 \\ 0 \\ 2 \end{pmatrix} + c \begin{pmatrix} 0 \\ -2 \\ 1 \\ 0 \end{pmatrix} \quad (c \text{ は任意の実数})$$

2.3

(1) $\begin{pmatrix} 1 & 0 & 0 \\ 0 & 0 & -1 \\ 0 & 1 & 0 \end{pmatrix}^{-1} = \begin{pmatrix} 1 & 0 & 0 \\ 0 & 0 & 1 \\ 0 & -1 & 0 \end{pmatrix}$

(2) $\begin{pmatrix} 1 & 1 & 1 & 0 \\ 1 & 1 & 0 & -1 \\ 1 & 0 & -1 & -1 \\ 0 & -1 & -1 & -1 \end{pmatrix}^{-1} = \begin{pmatrix} 1 & -1 & 1 & 0 \\ -1 & 1 & 0 & -1 \\ 1 & 0 & -1 & 1 \\ 0 & -1 & 1 & -1 \end{pmatrix}$

2.4

(1)
$$A_n A_m = \begin{pmatrix} 1-n & -n \\ n & 1+n \end{pmatrix} \begin{pmatrix} 1-m & -m \\ m & 1+m \end{pmatrix}$$
$$= \begin{pmatrix} 1-(n+m) & -(n+m) \\ n+m & 1+(n+m) \end{pmatrix} = A_{n+m}$$

別解 $B = \begin{pmatrix} -1 & 1 \\ 1 & 1 \end{pmatrix}$ とすると,$B^2 = O$ であり,$A = E + nB$ と表せる.このとき,

$$A_n A_m = (E+nB)(E+mB) = E+(n+m)B+nmB^2 = E+(n+m)B = A_{n+m}$$

となる.これからわかるように,$B^2 = O$ となる行列 B を用いれば同じ事柄が成立する.

(2) (1) より,
$$A_n A_{-n} = A_{-n} A_n = A_0 = E$$

したがって,A_n は正則行列で
$$(A_n)^{-1} = A_{-n}$$

● 第 3 章

3.1.6 (1) $A \cap B = \{3\}$, $A \cup B = \{1,2,3\}$, $A - B = \{2\}$,
$A \times B = \{(2,1),(2,3),(3,1),(3,3)\}$

(2) $A \cap B = \{1,3\}$, $A \cup B = \{1,2,3,5\}$, $A - B = \{2\}$,
$A \times B = \{(1,1),(1,3),(1,5),(2,1),(2,3),(2,5),(3,1),(3,3),(3,5)\}$

(3) $A \cap B = \{1, 2\}$, $A \cup B = \{1, 2, 3\}$, $A - B = \emptyset$,
$A \times B = \{(1, 1), (1, 2), (1, 3), (2, 1), (2, 2), (2, 3)\}$

(4) $A \cap B = \emptyset$, $A \cup B = \{1, 3\}$, $A - B = \emptyset$, $A \times B = \emptyset$

3.1.7 (1) A の部分集合全体の集合 $= \{\emptyset, \{2\}, \{3\}, A\}$

(2) A の部分集合全体の集合 $= \{\emptyset, A\}$

(3) A の部分集合全体の集合 $= \{\emptyset, \{x\}, \{y\}, \{z\}, \{x, y\}\{y, z\}, \{z, x\}, A\}$

(4) A の部分集合全体の集合 $= \{\emptyset, \{(1, a)\}, \{(1, b)\}, \{(2, a)\}, \{(2, b)\},$
$\{(1, a), (1, b)\}, \{(1, a), (2, a)\}, \{(1, a), (2, b)\}, \{(1, b), (2, a)\}, \{(1, b), (2, b)\},$
$\{(2, a), (2, b)\}, \{(1, a), (1, b), (2, a)\}, \{(1, a), (1, b), (2, b)\},$
$\{(1, a), (2, a), (2, b)\}, \{(1, b), (2, a), (2, b)\}, A\}$

3.1.8 (1) $A \cap B = [3, 4]$, $A \cup B = [2, 5]$, $A - B = [2, 3[$

(2) $A \cap B =]3, 4]$, $A \cup B = [2, 5[$, $A - B = [2, 3]$

(3) $A \cap B =]3, 5]$, $A \cup B = [2, 6[$, $A - B = [2, 3] \cup]5, 6[$

(4) $A \cap B = \{3\}$, $A \cup B = [2, 4]$, $A - B = [2, 3[\cup]3, 4]$

3.1.10 まず, $A \cup (B \cap C) \subset (A \cup B) \cap (A \cup C)$ を示す.

$a \in A \cup (B \cap C)$ とすると, $a \in A$ または $a \in B \cap C$, よって $a \in A$ または ($a \in B$ かつ $a \in C$), よって ($a \in A$ または $a \in B$) かつ ($a \in A$ または $a \in C$), よって $a \in A \cup B$ かつ $a \in A \cup C$, よって $a \in (A \cup B) \cap (A \cup C)$. したがって $A \cup (B \cap C) \subset (A \cup B) \cap (A \cup C)$. 次に, $(A \cup B) \cap (A \cup C) \subset A \cup (B \cap C)$ を示す.

$a \in (A \cup B) \cap (A \cup C)$ とすると, $a \in A \cup B$ かつ $a \in A \cup C$, よって ($a \in A$ または $a \in B$) かつ ($a \in A$ または $a \in C$), よって $a \in A$ または ($a \in B$ かつ $a \in C$), よって $a \in A$ または ($a \in B \cap C$), よって $a \in A \cup (B \cap C)$. したがって $(A \cup B) \cap (A \cup C) \subset A \cup (B \cap C)$.

これで, $A \cup (B \cap C) = (A \cup B) \cap (A \cup C)$ が示された.

3.2.4 $N(A \times B) = 10 \times 20 = 200$, $N(A \cap B) = N(A) + N(B) - N(A \cup B) = 10 + 15 - 20 = 5$, A の部分集合の個数 $= 2^{10} = 1024$, A の s 個の要素からなる部分集合の個数 $= {}_{10}C_6 = \dfrac{10!}{6!4!} = 210$.

章末問題

3.1 まず, $A - (B \cup C) \subset (A - B) \cap (A - C)$ を示す.

$a \in A - (B \cup C)$ とすると, $a \in A$ かつ $a \notin B \cup C$, よって $a \in A$ かつ (($a \in B$ または $a \in C$) でない), よって $a \in A$ かつ ($a \notin B$ かつ $a \notin C$), よって ($a \in A$ かつ $a \notin B$) かつ ($a \in A$ かつ $a \notin C$), よって $a \in (A - B) \cap (A - C)$. したがって $A - (B \cup C) \subset$

$(A-B) \cap (A-C)$.

次に，$(A-B) \cap (A-C) \subset A-(B \cup C)$ を示す．

$a \in (A-B) \cap (A-C)$ とすると，$(a \in A$ かつ $a \notin B)$ かつ $(a \in A$ かつ $a \notin C)$，よって $a \in A$ かつ $(a \notin B$ かつ $a \notin C)$，よって $a \in A$ かつ $((a \in B$ または $a \in C)$ でない)，よって $a \in A$ かつ $a \notin B \cup C$，よって $a \in A - (B \cup C)$．したがって $(A-B) \cap (A-C) \subset A - (B \cup C)$．

これで，$A - (B \cup C) = (A-B) \cap (A-C)$ が示された．

3.2 まず各 x に対し，$K_{A \cup B \cup C}(x) = (K_A(x) + K_B(x) + K_C(x)) - (K_{A \cap B}(x) + K_{B \cap C}(x) + K_{C \cap A}(x)) + K_{A \cap B \cap C}(x)$ を示す．

x が A, B, C のどれにも属さないとき，$K_{A \cup B \cup C}(x) = 0$，$(K_A(x) + K_B(x) + K_C(x)) - (K_{A \cap B}(x) + K_{B \cap C}(x) + K_{C \cap A}(x)) + K_{A \cap B \cap C}(x) = 0 - 0 + 0 = 0$．

x が A, B, C のうちのちょうど 1 つに属すとき，$K_{A \cup B \cup C}(x) = 1$，$(K_A(x) + K_B(x) + K_C(x)) - (K_{A \cap B}(x) + K_{B \cap C}(x) + K_{C \cap A}(x)) + K_{A \cap B \cap C}(x) = 1 - 0 + 0 = 1$．

x が A, B, C のうちのちょうど 2 つに属すとき，$K_{A \cup B \cup C}(x) = 1$，$(K_A(x) + K_B(x) + K_C(x)) - (K_{A \cap B}(x) + K_{B \cap C}(x) + K_{C \cap A}(x)) + K_{A \cap B \cap C}(x) = 2 - 1 + 0 = 1$．

x が A, B, C のすべてに属すとき，$K_{A \cup B \cup C}(x) = 1$，$(K_A(x) + K_B(x) + K_C(x)) - (K_{A \cap B}(x) + K_{B \cap C}(x) + K_{C \cap A}(x)) + K_{A \cap B \cap C}(x) = 3 - 3 + 1 = 1$．

よって，$K_{A \cup B \cup C}(x) = K_A(x) + K_B(x) + K_C(x) - K_{A \cap B}(x) - K_{B \cap C}(x) - K_{C \cap A}(x) + K_{A \cap B \cap C}(x)$ が示された．

したがって，$N(A \cup B \cup C) = \sum_x K_{A \cup B \cup C}(x) = \sum_x (K_A(x) + K_B(x) + K_C(x) - K_{A \cap B}(x) - K_{B \cap C}(x) - K_{C \cap A}(x) + K_{A \cap B \cap C}(x)) = \sum_x K_A(x) + \sum_x K_B(x) + \sum_x K_C(x) - \sum_x K_{A \cap B}(x) - \sum_x K_{B \cap C}(x) - \sum_x K_{C \cap A}(x) + \sum_x K_{A \cap B \cap C}(x) = N(A) + N(B) + N(C) - N(A \cap B) - N(B \cap C) - N(C \cap A) + N(A \cap B \cap C)$．

● **第 4 章**

4.1.5 (1) $f(2) = 19$，$f(3) = -3$

(2) $f(1, 2) = 1$，$f(0, 1) = 5$

(3) $f(1, 2, 3) = 0$，$f(-1, 0, 1) = 0$

(4) $f(1, 1, 1) = 4$，$f(1, 2, 3) = 11$

4.1.7 次の 9 種類である．

$f_1 : X \to Y$，$f_1(1) = 1$，$f_1(2) = 1$　$f_2 : X \to Y$，$f_2(1) = 1$，$f_2(2) = 2$

$f_3 : X \to Y$，$f_3(1) = 1$，$f_3(2) = 3$　$f_4 : X \to Y$，$f_4(1) = 2$，$f_4(2) = 1$

$f_5 : X \to Y,\ f_5(1) = 2,\ f_5(2) = 2 \quad f_6 : X \to Y,\ f_6(1) = 2,\ f_6(2) = 3$
$f_7 : X \to Y,\ f_7(1) = 3,\ f_7(2) = 1 \quad f_8 : X \to Y,\ f_8(1) = 3,\ f_8(2) = 2$
$f_9 : X \to Y,\ f_9(1) = 3,\ f_9(2) = 3$

4.1.8 次の 24 種類である.

$f_{01} : X \to X,\ f_{01}(1) = 1,\ f_{01}(2) = 2,\ f_{01}(3) = 3,\ f_{01}(4) = 4$
$f_{02} : X \to X,\ f_{02}(1) = 1,\ f_{02}(2) = 2,\ f_{02}(3) = 4,\ f_{02}(4) = 3$
$f_{03} : X \to X,\ f_{03}(1) = 1,\ f_{03}(2) = 3,\ f_{03}(3) = 2,\ f_{03}(4) = 4$
$f_{04} : X \to X,\ f_{04}(1) = 1,\ f_{04}(2) = 3,\ f_{04}(3) = 4,\ f_{04}(4) = 2$
$f_{05} : X \to X,\ f_{05}(1) = 1,\ f_{05}(2) = 4,\ f_{05}(3) = 2,\ f_{05}(4) = 3$
$f_{06} : X \to X,\ f_{06}(1) = 1,\ f_{06}(2) = 4,\ f_{06}(3) = 3,\ f_{06}(4) = 2$
$f_{07} : X \to X,\ f_{07}(1) = 2,\ f_{07}(2) = 1,\ f_{07}(3) = 3,\ f_{07}(4) = 4$
$f_{08} : X \to X,\ f_{08}(1) = 2,\ f_{08}(2) = 1,\ f_{08}(3) = 4,\ f_{08}(4) = 3$
$f_{09} : X \to X,\ f_{09}(1) = 2,\ f_{09}(2) = 3,\ f_{09}(3) = 1,\ f_{09}(4) = 4$
$f_{10} : X \to X,\ f_{10}(1) = 2,\ f_{10}(2) = 3,\ f_{10}(3) = 4,\ f_{10}(4) = 1$
$f_{11} : X \to X,\ f_{11}(1) = 2,\ f_{11}(2) = 4,\ f_{11}(3) = 1,\ f_{11}(4) = 3$
$f_{12} : X \to X,\ f_{12}(1) = 2,\ f_{12}(2) = 4,\ f_{12}(3) = 3,\ f_{12}(4) = 1$
$f_{13} : X \to X,\ f_{13}(1) = 3,\ f_{13}(2) = 1,\ f_{13}(3) = 2,\ f_{13}(4) = 4$
$f_{14} : X \to X,\ f_{14}(1) = 3,\ f_{14}(2) = 1,\ f_{14}(3) = 4,\ f_{14}(4) = 2$
$f_{15} : X \to X,\ f_{15}(1) = 3,\ f_{15}(2) = 2,\ f_{15}(3) = 1,\ f_{15}(4) = 4$
$f_{16} : X \to X,\ f_{16}(1) = 3,\ f_{16}(2) = 2,\ f_{16}(3) = 4,\ f_{16}(4) = 1$
$f_{17} : X \to X,\ f_{17}(1) = 3,\ f_{17}(2) = 4,\ f_{17}(3) = 1,\ f_{17}(4) = 2$
$f_{18} : X \to X,\ f_{18}(1) = 3,\ f_{18}(2) = 4,\ f_{18}(3) = 2,\ f_{18}(4) = 1$
$f_{19} : X \to X,\ f_{19}(1) = 4,\ f_{19}(2) = 1,\ f_{19}(3) = 2,\ f_{19}(4) = 3$
$f_{20} : X \to X,\ f_{20}(1) = 4,\ f_{20}(2) = 1,\ f_{20}(3) = 3,\ f_{20}(4) = 2$
$f_{21} : X \to X,\ f_{21}(1) = 4,\ f_{21}(2) = 2,\ f_{21}(3) = 1,\ f_{21}(4) = 3$
$f_{22} : X \to X,\ f_{22}(1) = 4,\ f_{22}(2) = 2,\ f_{22}(3) = 3,\ f_{22}(4) = 1$
$f_{23} : X \to X,\ f_{23}(1) = 4,\ f_{23}(2) = 3,\ f_{23}(3) = 1,\ f_{23}(4) = 2$
$f_{24} : X \to X,\ f_{24}(1) = 4,\ f_{24}(2) = 3,\ f_{24}(3) = 2,\ f_{24}(4) = 1$

4.2.3 (1) $(f+g)(x) = f(x) + g(x) = (3x+2) + (x-1) = 4x+1$
$(fg)(x) = f(x)g(x) = (3x+2)(x-1) = 3x^2 - x - 2$
$\dfrac{f}{g}(x) = \dfrac{f(x)}{g(x)} = \dfrac{3x+2}{x-1} \quad (x \neq 1)$
(2) $(f+g)(x) = f(x) + g(x) = (-2x^2+1) + (-3x-2) = -2x^2 - 3x - 1$

$(fg)(x) = f(x)g(x) = (-2x^2+1)(-3x-2) = 6x^3+4x^2-3x-2$

$\dfrac{f}{g}(x) = \dfrac{f(x)}{g(x)} = \dfrac{-2x^2+1}{-3x-2}$ $\left(x \neq -\dfrac{2}{3}\right)$

(3) $(f+g)(x) = f(x)+g(x) = (3x^2+2x-1)+(-x^2-2) = 2x^2+2x-3$

$(fg)(x) = f(x)g(x) = (3x^2+2x-1)(-x^2-2) = -3x^4-2x^3-5x^2-4x+2$

$\dfrac{f}{g}(x) = \dfrac{f(x)}{g(x)} = \dfrac{3x^2+2x-1}{-x^2-2}$

(4) $(f+g)(x) = f(x)+g(x) = 2+(3x^2-2) = 3x^2$

$(fg)(x) = f(x)g(x) = 2(3x^2-2) = 6x^2-4$

$\dfrac{f}{g}(x) = \dfrac{f(x)}{g(x)} = \dfrac{2}{3x^2-2}$ $\left(x \neq \sqrt{\dfrac{2}{3}},\ -\sqrt{\dfrac{2}{3}}\right)$

(5) $(f+g)(x) = f(x)+g(x) = (x+2)+\dfrac{1}{x} = 2+x+\dfrac{1}{x}$ $(x \neq 0)$

$(fg)(x) = f(x)g(x) = (x+2)\dfrac{1}{x} = \dfrac{x+2}{x}$ $(x \neq 0)$

$\dfrac{f}{g}(x) = \dfrac{f(x)}{g(x)} = \dfrac{x+2}{1/x} = x(x+2)$ $(x \neq 0)$

4.2.9 (1) $f \circ g(x) = f(g(x)) = f(x-1) = 3(x-1)+2 = 3x-1$

$g \circ f(x) = g(f(x)) = g(3x+2) = (3x+2)-1 = 3x+1$

$f^{-1} : \mathbb{R} \to \mathbb{R},\ f^{-1}(y) = \dfrac{y-2}{3},\quad g^{-1} : \mathbb{R} \to \mathbb{R},\ g^{-1}(y) = y+1$

(2) $f \circ g(x) = f(g(x)) = f(-3x-2) = -2(x-1)^2+1 = -2x^2+4x-1$

$g \circ f(x) = g(f(x)) = g(-2x^2+1) = -3(-2x^2+1)-2 = 6x^2x-5$

$f : \{x \mid x \geq 0\} \to \{y \mid y \leq 1\}$ と考えるとき,

$f^{-1} : \{y \mid y \leq 1\} \to \{x \mid x \geq 0\},\ f^{-1}(y) = \sqrt{1-y}$

$f : \{x \mid x \leq 0\} \to \{y \mid y \leq 1\}$ と考えるとき,

$f^{-1} : \{y \mid y \leq 1\} \to \{x \mid x \leq 0\},\ f^{-1}(y) = -\sqrt{1-y}$

$g^{-1} : \mathbb{R} \to \mathbb{R},\ g^{-1}(y) = \dfrac{-y-2}{3}$

(3) $f \circ g(x) = f(g(x)) = f(-x^2-2) = 3(-x^2-2)^2+2(-x^2-2)-1 = 3x^4+10x^2+7$

$g \circ f(x) = g(f(x)) = g(3x^2+2x-1) = -(3x^2+2x-1)^2-2 = -9x^4+12x^3+2x^2+4x-3$

$f(x) = 3x^2+2x-1 = 3(x+\dfrac{1}{3})^2-\dfrac{4}{3} \geq -\dfrac{4}{3}$ であり, $y \geq -\dfrac{4}{3}$ である y に対し, $f(x) = 3x^2+2x-1 = y$ となる x は, $x \geq -\dfrac{1}{3}$ の範囲では $-\dfrac{1}{3}+\dfrac{1}{3}\sqrt{4+3y}$ と, $x \leq -\dfrac{1}{3}$ の範囲では $-\dfrac{1}{3}-\dfrac{1}{3}\sqrt{4+3y}$ の 2 個ある.

したがって，$f: \{x \mid x \geq -\frac{1}{3}\} \to \{y \mid y \geq -\frac{4}{3}\}$ と考えるとき，
$f^{-1}: \{y \mid y \geq -\frac{4}{3}\} \to \{x \mid x \geq -\frac{1}{3}\}$, $f^{-1}(y) = -\frac{1}{3} + \frac{1}{3}\sqrt{4+3y}$
$f: \{x \mid x \leq -\frac{1}{3}\} \to \{y \mid y \geq -\frac{4}{3}\}$ と考えるとき，
$f^{-1}: \{y \mid y \geq -\frac{4}{3}\} \to \{x \mid x \leq -\frac{1}{3}\}$, $f^{-1}(y) = -\frac{1}{3} - \frac{1}{3}\sqrt{4+3y}$
$g: \{x \mid x \geq 0\} \to \{y \mid y \leq -2\}$ と考えるとき，
$g^{-1}: \{y \mid y \leq -2\} \to \{x \mid x \geq 0\}$, $g^{-1}(y) = \sqrt{2+y}$
$g: \{x \mid x \leq 0\} \to \{y \mid y \leq -2\}$ と考えるとき，
$g^{-1}: \{y \mid y \leq -2\} \to \{x \mid x \leq 0\}$, $g^{-1}(y) = -\sqrt{2+y}$

(4) $f \circ g(x) = f(g(x)) = f(-x^2 - 2) = 2$
$g \circ f(x) = g(f(x)) = g(2) = 3(2)^2 - 2 = 10$
$a \in \mathbb{R}$ に対し，$f: \{a\} \to \{2\}$ と考えるとき，
$f^{-1}: \{2\} \to \{a\}$, $f^{-1}(2) = a$
$g: \{x \mid x \geq 0\} \to \{y \mid y \geq -2\}$ と考えるとき，
$g^{-1}: \{y \mid y \geq -2\} \to \{x \mid x \geq 0\}$, $g^{-1}(y) = \sqrt{\frac{2+y}{3}}$
$g: \{x \mid x \leq 0\} \to \{y \mid y \geq -2\}$ と考えるとき，
$g^{-1}: \{y \mid y \geq -2\} \to \{x \mid x \leq 0\}$, $g^{-1}(y) = -\sqrt{\frac{2+y}{3}}$

(5) $f \circ g(x) = f(g(x)) = f\left(\frac{1}{x}\right) = \frac{1}{x} + 2$, $(x \neq 0)$
$g \circ f(x) = g(f(x)) = g(2) = \frac{1}{2}$
$f^{-1}: \mathbb{R} \to \mathbb{R}$, $f^{-1}(y) = y - 2$
$g^{-1}: \mathbb{R} - \{0\} \to \mathbb{R} - \{0\}$, $g^{-1}(y) = \frac{1}{y}$

章末問題

4.1 $x_1 \in X_1$ とする．
$(f_3 \circ f_2) \circ f_3(x_1) = f_3 \circ f_2(f_3(x_1)) = f_3(f_2(f_1(x_1)))$
$f_3 \circ (f_2 \circ f_3)(x_1) = f_3(f_2 \circ f_3(x_1)) = f_3(f_2(f_1(x_1)))$

4.2 (1) ならば (1)′ を示す．$f(x_1) = f(x_2)$ とすると，$x_1 = g \circ f(x_1) = g(f(x_1)) = g(f(x_2)) = g \circ f(x_2) = x_2$．

(1)′ ならば (1) を示す．$f(X) = \{y \in Y \mid \text{ある } x \in X \text{ があって } f(x) = y\}$ とおく．g を次のように定義する．$y \in f(X)$ ならば (1)′ より $f(x) = y$ となる $x \in X$ がただ 1 つあるので $g(y) = x$ とする．$y \notin f(X)$ ならば勝手な $x \in X$ で $g(y) = x$ とする．すると任意の $x \in X$

に対して, $f(x) = y$ とおくと, $y \in f(X)$ なので, $g(y) = x$, よって $g \circ f(x) = g(f(x)) = x$.

(2) ならば (2)′ を示す. 任意の $y \in Y$ に対し, $x = g(y) \in X$, $f(x) = f(g(y)) = f \circ g(y) = y$.

(2)′ ならば (2) を示す. $y \in Y$ とする. $f^{-1}(y) = \{x \in X \mid f(x) = y\}$ とおく. g を次のように定義する. (2)′ より $f^{-1}(y)$ は空集合ではない. よって $x \in f^{-1}(y)$ をとって $g(y) = x$ とする. すると $x \in f^{-1}(y)$ なので, $f \circ g(y) = f(g(y)) = f(x) = y$.

● 第 5 章

5.1.4 (1) $\mathbb{W}$ は $\mathbb{R}^3$ の部分空間である. 以下 $\mathbb{W}$ が定義 5.1.1 の条件 (1), (2), (3) を満たすことを確かめる.

$$0 + 0 - 0 = 0, 3 \times 0 + 0 + 2 \times 0 = 0$$

したがって, $\mathbf{0} \in \mathbb{W}$ (条件 (1)).

$$\boldsymbol{a} = \begin{pmatrix} a_1 \\ a_2 \\ a_3 \end{pmatrix}, \quad \boldsymbol{b} = \begin{pmatrix} b_1 \\ b_2 \\ b_3 \end{pmatrix} \in \mathbb{W}, \quad c \in \mathbb{R}$$

に対し

$$(a_1 + b_1) + (a_2 + b_2) - (a_3 + b_3) = (a_1 + a_2 - a_3) + (b_1 + b_2 - b_3) = 0$$

$$3(a_1 + b_1) + (a_2 + b_2) + 2(a_3 + b_3) = (3a_1 + a_2 + 2a_3) + (3b_1 + b_2 + 2b_3) = 0$$

なので, $\boldsymbol{a} + \boldsymbol{b} \in \mathbb{W}$ (条件 (2)).

$$(ca_1) + (ca_2) - (ca_3) = c(a_1 + a_2 - a_3) = 0$$

$$3(ca_1) + (ca_2) + 2(ca_3) = c(3a_1 + a_2 + 2a_3) = 0$$

なので, $c\boldsymbol{a} \in \mathbb{W}$ (条件 (3)).

(2) $\begin{pmatrix} 1 \\ 1 \\ 0 \end{pmatrix} \in \mathbb{W}, \quad 2\begin{pmatrix} 1 \\ 1 \\ 0 \end{pmatrix} = \begin{pmatrix} 2 \\ 2 \\ 0 \end{pmatrix} \notin \mathbb{W}$

なので, $\mathbb{W}$ は部分空間ではない.

(3) $\begin{pmatrix} 0 \\ 0 \\ 1 \end{pmatrix}, \begin{pmatrix} 1 \\ 1 \\ 0 \end{pmatrix} \in \mathbb{W}, \quad \begin{pmatrix} 0 \\ 0 \\ 1 \end{pmatrix} + \begin{pmatrix} 1 \\ 1 \\ 0 \end{pmatrix} = \begin{pmatrix} 1 \\ 1 \\ 1 \end{pmatrix} \notin \mathbb{W}$

なので，$\mathbb{W}$ は部分空間ではない．

(4) $\begin{pmatrix} 1 \\ 1 \\ -2 \end{pmatrix}, \begin{pmatrix} 1 \\ -1 \\ 0 \end{pmatrix} \in \mathbb{W}, \quad \begin{pmatrix} 1 \\ 1 \\ -2 \end{pmatrix} + \begin{pmatrix} 1 \\ -1 \\ 0 \end{pmatrix} = \begin{pmatrix} 2 \\ 0 \\ -2 \end{pmatrix} \notin \mathbb{W}$

なので，$\mathbb{W}$ は部分空間ではない．

5.1.5 $\mathbb{W}$ が条件 (1), (2), (3) を満たすことを確かめればよい．
(1) $A\mathbf{0} = \mathbf{0}$ なので，$\mathbf{0} \in \mathbb{W}$ である．
$\mathbf{a}, \mathbf{b} \in \mathbb{W}, c \in \mathbb{R}$ とする．
(2) $A\mathbf{a} = \mathbf{0}, A\mathbf{b} = \mathbf{0}$ なので，$A(\mathbf{a} + \mathbf{b}) = A\mathbf{a} + A\mathbf{b} = \mathbf{0} + \mathbf{0} = \mathbf{0}$．したがって，$\mathbf{a} + \mathbf{b} \in \mathbb{W}$．
(3) $A(c\mathbf{a}) = c(A\mathbf{a}) = c\mathbf{0} = \mathbf{0}$．したがって，$c\mathbf{a} \in \mathbb{W}$．

5.2.3 連立 1 次方程式 $x_1\mathbf{a}_1 + x_2\mathbf{a}_2 + x_3\mathbf{a}_3 = \mathbf{b}$ の拡大係数行列の簡約化を行い解を求める．

(1) $(\mathbf{a}_1\ \mathbf{a}_2\ \mathbf{a}_3\ |\ \mathbf{b}) \to \begin{pmatrix} 1 & 0 & 3 & | & 0 \\ 0 & 1 & -1 & | & 0 \\ 0 & 0 & 0 & | & 1 \end{pmatrix} \Leftrightarrow$ 解なし

したがって，$\mathbf{b}$ を $\mathbf{a}_1, \mathbf{a}_2, \mathbf{a}_3$ の 1 次結合で表すことはできない．

(2) $(\mathbf{a}_1\ \mathbf{a}_2\ \mathbf{a}_3\ |\ \mathbf{b}) \to \begin{pmatrix} 1 & 0 & 0 & | & 3 \\ 0 & 1 & 0 & | & -1 \\ 0 & 0 & 1 & | & 1 \end{pmatrix} \Leftrightarrow \begin{pmatrix} x_1 \\ x_2 \\ x_3 \end{pmatrix} = \begin{pmatrix} 3 \\ -1 \\ 1 \end{pmatrix}$

したがって，$\mathbf{b} = 3\mathbf{a}_1 - \mathbf{a}_2 + \mathbf{a}_3$．

(3) $(\mathbf{a}_1\ \mathbf{a}_2\ \mathbf{a}_3\ |\ \mathbf{b}) \to \begin{pmatrix} 1 & 0 & 2 & | & 1 \\ 0 & 1 & 1 & | & 1 \\ 0 & 0 & 0 & | & 0 \\ 0 & 0 & 0 & | & 0 \end{pmatrix} \Leftrightarrow \begin{pmatrix} x_1 \\ x_2 \\ x_3 \end{pmatrix} = \begin{pmatrix} -2c+1 \\ -c+1 \\ c \end{pmatrix} \quad (c \in \mathbb{R})$

したがって，$\mathbf{b} = (-2c+1)\mathbf{a}_1 + (-c+1)\mathbf{a}_2 + c\mathbf{a}_3 \ (c \in \mathbb{R})$．

5.2.7 連立 1 次方程式

$$x_1\boldsymbol{a}_1 + x_2\boldsymbol{a}_2 + x_3\boldsymbol{a}_3 = \boldsymbol{0} \text{ または } x_1\boldsymbol{a}_1 + x_2\boldsymbol{a}_2 + x_3\boldsymbol{a}_3 + x_4\boldsymbol{a}_4 = \boldsymbol{0}$$

の拡大係数行列の簡約化を行い解を求める.

(1) $(\boldsymbol{a}_1\ \boldsymbol{a}_2\ \boldsymbol{a}_3\ |\ \boldsymbol{0}) \to \begin{pmatrix} 1 & 0 & 0 & | & 0 \\ 0 & 1 & 0 & | & 0 \\ 0 & 0 & 1 & | & 0 \end{pmatrix} \Leftrightarrow \begin{pmatrix} x_1 \\ x_2 \\ x_3 \end{pmatrix} = \begin{pmatrix} 0 \\ 0 \\ 0 \end{pmatrix}$

したがって, $\boldsymbol{a}_1, \boldsymbol{a}_2, \boldsymbol{a}_3$ は 1 次独立.

(2) $(\boldsymbol{a}_1\ \boldsymbol{a}_2\ \boldsymbol{a}_3\ |\ \boldsymbol{0}) \to \begin{pmatrix} 1 & 0 & -2 & | & 0 \\ 0 & 1 & 3 & | & 0 \\ 0 & 0 & 0 & | & 0 \\ 0 & 0 & 0 & | & 0 \end{pmatrix} \Leftrightarrow$ 非自明解をもつ

したがって, $\boldsymbol{a}_1, \boldsymbol{a}_2, \boldsymbol{a}_3$ は 1 次従属.

(3) $(\boldsymbol{a}_1\ \boldsymbol{a}_2\ \boldsymbol{a}_3\ \boldsymbol{a}_4\ |\ \boldsymbol{0}) \to \begin{pmatrix} 1 & 0 & 0 & 0 & | & 0 \\ 0 & 1 & 0 & 0 & | & 0 \\ 0 & 0 & 1 & 0 & | & 0 \\ 0 & 0 & 0 & 1 & | & 0 \end{pmatrix} \Leftrightarrow \begin{pmatrix} x_1 \\ x_2 \\ x_3 \\ x_4 \end{pmatrix} = \begin{pmatrix} 0 \\ 0 \\ 0 \\ 0 \end{pmatrix}$

したがって, $\boldsymbol{a}_1, \boldsymbol{a}_2, \boldsymbol{a}_3$ は 1 次独立.

5.2.9 方程式 $x_1\boldsymbol{v}_1 + x_2\boldsymbol{v}_2 + x_3\boldsymbol{v}_3 + x_4\boldsymbol{v}_4 = \boldsymbol{0}$ は $(\boldsymbol{u}_1\ \boldsymbol{u}_2\ \boldsymbol{u}_3\ \boldsymbol{u}_4)A\boldsymbol{x} = \boldsymbol{0}$ と変形できる. $\boldsymbol{u}_1, \boldsymbol{u}_2, \boldsymbol{u}_3, \boldsymbol{u}_4$ は 1 次独立なので, これから得られる連立 1 次方程式 $A\boldsymbol{x} = \boldsymbol{0}$ の解を調べればよい.

(1) $(A\ |\ \boldsymbol{0}) \to \begin{pmatrix} 1 & 0 & 0 & -6 & | & 0 \\ 0 & 1 & 0 & -1 & | & 0 \\ 0 & 0 & 1 & 2 & | & 0 \\ 0 & 0 & 0 & 0 & | & 0 \end{pmatrix} \Leftrightarrow$ 非自明解をもつ

したがって, $\boldsymbol{v}_1, \boldsymbol{v}_2, \boldsymbol{v}_3, \boldsymbol{v}_4$ は 1 次従属.

(2) $(A \mid \mathbf{0}) \to \begin{pmatrix} 1 & 0 & 0 & 0 & \mid & 0 \\ 0 & 1 & 0 & 0 & \mid & 0 \\ 0 & 0 & 1 & 0 & \mid & 0 \\ 0 & 0 & 0 & 1 & \mid & 0 \end{pmatrix} \Leftrightarrow \begin{pmatrix} x_1 \\ x_2 \\ x_3 \\ x_4 \end{pmatrix} = \begin{pmatrix} 0 \\ 0 \\ 0 \\ 0 \end{pmatrix}$

したがって, v_1, v_2, v_3, v_4 は 1 次独立.

5.3.4 行列 $A = (a_1 \; a_2 \; a_3 \; a_4 \; a_5)$ とおき, その簡約行列を B とする.

(1) $B = \begin{pmatrix} 1 & 0 & 3 & 0 & -1 \\ 0 & 1 & -1 & 0 & 2 \\ 0 & 0 & 0 & 1 & 1 \\ 0 & 0 & 0 & 0 & 0 \end{pmatrix}$

したがって, a_1, a_2, a_4 は 1 次独立で, $a_3 = 3a_1 - a_4$, $a_5 = -a_1 + 2a_2 + a_4$ と表せ, $r = 3$ を得る.

(2) $B = \begin{pmatrix} 1 & 0 & 2 & 1 & 0 \\ 0 & 1 & 1 & 1 & 0 \\ 0 & 0 & 0 & 0 & 1 \\ 0 & 0 & 0 & 0 & 0 \end{pmatrix}$

したがって, a_1, a_2, a_5 は 1 次独立で, $a_3 = 2a_1 + a_2$, $a_4 = a_1 + a_2$ と表せ, $r = 3$ を得る.

5.4.9 問題 5.3.4 の解答より次を得る.
(1) $\dim(\mathbb{V}) = 3$, 1 組の基底は $\{a_1, a_2, a_4\}$.
(2) $\dim(\mathbb{V}) = 3$, 1 組の基底は $\{a_1, a_2, a_5\}$.

5.4.12 行列 $A = (a_1 \; a_2 \; a_3 \; a_4 \; a_5)$ とおき, その簡約行列を B とすると

$B = \begin{pmatrix} 1 & 0 & 3 & 0 & -1 \\ 0 & 1 & -1 & 0 & 2 \\ 0 & 0 & 0 & 1 & 1 \\ 0 & 0 & 0 & 0 & 0 \end{pmatrix}$

したがって

$x_1 a_1 + x_2 a_2 + x_3 a_3 + x_4 a_4 + x_5 a_5 = \mathbf{0} \Leftrightarrow$

$$A\begin{pmatrix} x_1 \\ x_2 \\ x_3 \\ x_4 \\ x_5 \end{pmatrix} = \mathbf{0} \Leftrightarrow \begin{pmatrix} x_1 \\ x_2 \\ x_3 \\ x_4 \\ x_5 \end{pmatrix} = \begin{pmatrix} -3c_1 + c_2 \\ c_1 - 2c_2 \\ c_1 \\ -c_2 \\ c_2 \end{pmatrix} \quad (c_1, c_2 \in \mathbb{R})$$

(1) $\langle \boldsymbol{a}_1, \boldsymbol{a}_2 \rangle \cap \langle \boldsymbol{a}_3, \boldsymbol{a}_4, \boldsymbol{a}_5 \rangle$ のベクトルは

$$\boldsymbol{v} = x_1 \boldsymbol{a}_1 + x_2 \boldsymbol{a}_2 = -x_3 \boldsymbol{a}_3 - x_4 \boldsymbol{a}_4 - x_5 \boldsymbol{a}_5$$

と表せる. したがって

$$\boldsymbol{v} = (-3c_1 + c_2)\boldsymbol{a}_1 + (c_1 - 2c_2)\boldsymbol{a}_2 = c_1(-3\boldsymbol{a}_1 + \boldsymbol{a}_2) + c_2(\boldsymbol{a}_1 - 2\boldsymbol{a}_2)$$

つまり $\langle \boldsymbol{a}_1, \boldsymbol{a}_2 \rangle \cap \langle \boldsymbol{a}_3, \boldsymbol{a}_4, \boldsymbol{a}_5 \rangle$ は

$$-3\boldsymbol{a}_1 + \boldsymbol{a}_2 = \begin{pmatrix} -8 \\ -10 \\ -3 \\ -5 \end{pmatrix}, \quad \boldsymbol{a}_1 - 2\boldsymbol{a}_2 = \begin{pmatrix} 1 \\ 0 \\ 1 \\ 0 \end{pmatrix}$$

で生成される. また 1 次独立であることも容易に確認できる. したがって, 求める 1 組の基底は $\{-3\boldsymbol{a}_1 + \boldsymbol{a}_2, \boldsymbol{a}_1 - 2\boldsymbol{a}_2\}$ で次元は 2 である.

(2) $\langle \boldsymbol{a}_1, \boldsymbol{a}_2, \boldsymbol{a}_3 \rangle \cap \langle \boldsymbol{a}_4, \boldsymbol{a}_5 \rangle$ のベクトルは

$$\boldsymbol{v} = x_1 \boldsymbol{a}_1 + x_2 \boldsymbol{a}_2 + x_3 \boldsymbol{a}_3 = -x_4 \boldsymbol{a}_4 - x_5 \boldsymbol{a}_5$$

と表せる. したがって

$$\boldsymbol{v} = (-3c_1 + c_2)\boldsymbol{a}_1 + (c_1 - 2c_2)\boldsymbol{a}_2 + c_1 \boldsymbol{a}_3 = c_1 \mathbf{0} + c_2(\boldsymbol{a}_1 - 2\boldsymbol{a}_2) = c_2(\boldsymbol{a}_1 - 2\boldsymbol{a}_2)$$

つまり $\langle \boldsymbol{a}_1, \boldsymbol{a}_2, \boldsymbol{a}_3 \rangle \cap \langle \boldsymbol{a}_4, \boldsymbol{a}_5 \rangle$ は

$$\boldsymbol{a}_1 - 2\boldsymbol{a}_2 = \begin{pmatrix} 1 \\ 0 \\ 1 \\ 0 \end{pmatrix}$$

で生成される. また明らかに 1 次独立なので, 求める 1 組の基底は $\{\boldsymbol{a}_1 - 2\boldsymbol{a}_2\}$ で次元は 1 である.

(3) $\langle \boldsymbol{a}_1, \boldsymbol{a}_2, \boldsymbol{a}_3 \rangle + \langle \boldsymbol{a}_4, \boldsymbol{a}_5 \rangle = \langle \boldsymbol{a}_1, \boldsymbol{a}_2, \boldsymbol{a}_3, \boldsymbol{a}_4, \boldsymbol{a}_5 \rangle$ で行列 $(\boldsymbol{a}_1 \ \boldsymbol{a}_2 \ \boldsymbol{a}_3 \ \boldsymbol{a}_4 \ \boldsymbol{a}_5)$ の簡約行列

は B なので,求める 1 組の基底は $\{a_1, a_2, a_4\}$ で次元は 3 である.

(4) $(\langle a_1\rangle + \langle a_2, a_3\rangle) \cap (\langle a_4\rangle + \langle a_5\rangle) = \langle a_1, a_2, a_3\rangle \cap \langle a_4, a_5\rangle$ なので,(2) より,求める 1 組の基底は $\{a_1 - 2a_2\}$ で次元は 1 である.

5.4.14

(1) $\mathbb{V} = \left\{ c_1 \begin{pmatrix} -1 \\ 0 \\ 1 \\ 0 \\ 1 \end{pmatrix} + c_2 \begin{pmatrix} -2 \\ 0 \\ 0 \\ 1 \\ 0 \end{pmatrix} \middle| c_1, c_2 \in \mathbb{R} \right\}$

したがって,$\dim(\mathbb{V}) = 2$ で $\mathbb{V}$ の 1 組の基底は

$$\left\{ \begin{pmatrix} -1 \\ 0 \\ 1 \\ 0 \\ 1 \end{pmatrix}, \begin{pmatrix} -2 \\ 0 \\ 0 \\ 1 \\ 0 \end{pmatrix} \right\}$$

(2) $\mathbb{V} = \left\{ c_1 \begin{pmatrix} -3/2 \\ 5/2 \\ 1 \\ 0 \end{pmatrix} + c_2 \begin{pmatrix} 1 \\ -2 \\ 0 \\ 1 \end{pmatrix} \middle| c_1, c_2 \in \mathbb{R} \right\}$

したがって,$\dim(\mathbb{V}) = 2$ で $\mathbb{V}$ の 1 組の基底は

$$\left\{ \begin{pmatrix} -3/2 \\ 5/2 \\ 1 \\ 0 \end{pmatrix}, \begin{pmatrix} 1 \\ -2 \\ 0 \\ 1 \end{pmatrix} \right\}$$

5.4.16

(1) $\mathbb{V}_1 \cap \mathbb{V}_2 = \left\{ \boldsymbol{x} = \begin{pmatrix} x_1 \\ x_2 \\ x_3 \\ x_4 \end{pmatrix} \in \mathbb{R}^4 \middle| \begin{array}{l} x_1 + x_2 + x_3 + x_4 = 0 \\ 2x_1 + x_2 + 2x_3 - x_4 = 0 \end{array} \right\}$

$$= \left\{ c_1 \begin{pmatrix} -1 \\ 0 \\ 1 \\ 0 \end{pmatrix} + c_2 \begin{pmatrix} 2 \\ -3 \\ 0 \\ 1 \end{pmatrix} \middle| c_1, c_2 \in \mathbb{R} \right\}$$

したがって，$\dim(\mathbb{V}_1 \cap \mathbb{V}_2) = 2$ で $\mathbb{V}_1 \cap \mathbb{V}_2$ の 1 組の基底は

$$\left\{ \begin{pmatrix} -1 \\ 0 \\ 1 \\ 0 \end{pmatrix}, \begin{pmatrix} 2 \\ -3 \\ 0 \\ 1 \end{pmatrix} \right\}$$

(2) $\mathbb{V}_1 \cap \mathbb{V}_3 = \left\{ \boldsymbol{x} = \begin{pmatrix} x_1 \\ x_2 \\ x_3 \\ x_4 \end{pmatrix} \in \mathbb{R}^4 \middle| \begin{array}{l} x_1 + x_2 + x_3 + x_4 = 0 \\ x_1 - x_2 + x_3 = 0 \end{array} \right\}$

$$= \left\{ c_1 \begin{pmatrix} -1 \\ 0 \\ 1 \\ 0 \end{pmatrix} + c_2 \begin{pmatrix} -1/2 \\ -1/2 \\ 0 \\ 1 \end{pmatrix} \middle| c_1, c_2 \in \mathbb{R} \right\}$$

したがって，$\dim(\mathbb{V}_1 \cap \mathbb{V}_3) = 2$ で $\mathbb{V}_1 \cap \mathbb{V}_2$ の 1 組の基底は

$$\left\{ \begin{pmatrix} -1 \\ 0 \\ 1 \\ 0 \end{pmatrix}, \begin{pmatrix} -1/2 \\ -1/2 \\ 0 \\ 1 \end{pmatrix} \right\}$$

(3) $(\mathbb{V}_1 \cap \mathbb{V}_2) + (\mathbb{V}_1 \cap \mathbb{V}_3) = \left\langle \begin{pmatrix} -1 \\ 0 \\ 1 \\ 0 \end{pmatrix}, \begin{pmatrix} 2 \\ -3 \\ 0 \\ 1 \end{pmatrix}, \begin{pmatrix} -1 \\ 0 \\ 1 \\ 0 \end{pmatrix}, \begin{pmatrix} -1/2 \\ -1/2 \\ 0 \\ 1 \end{pmatrix} \right\rangle$

ここで

$$\begin{pmatrix} -1 & 2 & -1 & -1/2 \\ 0 & -3 & 0 & -1/2 \\ 1 & 0 & 1 & 0 \\ 0 & 1 & 0 & 1 \end{pmatrix} \xrightarrow{\text{簡約化}} \begin{pmatrix} 1 & 0 & 1 & 0 \\ 0 & 1 & 0 & 0 \\ 0 & 0 & 0 & 1 \\ 0 & 0 & 0 & 0 \end{pmatrix}$$

なので，$\dim((\mathbb{V}_1 \cap \mathbb{V}_2) + (\mathbb{V}_1 \cap \mathbb{V}_3)) = 3$ で 1 組の基底は

$$\left\{ \begin{pmatrix} -1 \\ 0 \\ 1 \\ 0 \end{pmatrix}, \begin{pmatrix} 2 \\ -3 \\ 0 \\ 1 \end{pmatrix}, \begin{pmatrix} -1/2 \\ -1/2 \\ 0 \\ 1 \end{pmatrix} \right\}$$

章末問題

5.1 定義の条件 (1), (2), (3) を満たすことを示す．
$\mathbf{0} \in \mathbb{W}_1$ かつ $\mathbf{0} \in \mathbb{W}_2$ なので，$\mathbf{0} \in \mathbb{W}_1 \cap \mathbb{W}_2$ (条件 (1))．
$\boldsymbol{x}, \boldsymbol{y} \in \mathbb{W}_1 \cap \mathbb{W}_2, c \in \mathbb{R}$ に対し，
$\boldsymbol{x} + \boldsymbol{y} \in \mathbb{W}_1$ かつ $\boldsymbol{x} + \boldsymbol{y} \in \mathbb{W}_2$ なので，$\boldsymbol{x} + \boldsymbol{y} \in \mathbb{W}_1 \cap \mathbb{W}_2$ (条件 (2))．
$c\boldsymbol{x} \in \mathbb{W}_1$ かつ $c\boldsymbol{x} \in \mathbb{W}_2$ なので，$c\boldsymbol{x} \in \mathbb{W}_1 \cap \mathbb{W}_2$ (条件 (3))．

5.2 定義の条件 (1), (2), (3) を満たすことを示す．
$\mathbf{0} \in \mathbb{W}_1$ なので，$\mathbf{0} \in \mathbb{W}_1 + \mathbb{W}_2$ (条件 (1))．
$\boldsymbol{x}_1 + \boldsymbol{y}_1, \boldsymbol{x}_2 + \boldsymbol{y}_2 \in \mathbb{W}_1 + \mathbb{W}_2$ ($\boldsymbol{x}_1, \boldsymbol{x}_2 \in \mathbb{W}_1, \boldsymbol{y}_1, \boldsymbol{y}_2 \in \mathbb{W}_2$), $c \in \mathbb{R}$ に対し，
$(\boldsymbol{x}_1 + \boldsymbol{y}_1) + (\boldsymbol{x}_2 + \boldsymbol{y}_2) = (\boldsymbol{x}_1 + \boldsymbol{x}_2) + (\boldsymbol{y}_1 + \boldsymbol{y}_2) \in \mathbb{W}_1 + \mathbb{W}_2$ (条件 (2))．
$c(\boldsymbol{x}_1 + \boldsymbol{y}_1) = (c\boldsymbol{x}_1) + (c\boldsymbol{y}_1) \in \mathbb{W}_1 + \mathbb{W}_2$ (条件 (3))．

5.3

$$\mathbb{W}_1 = \left\{ \boldsymbol{x} = \begin{pmatrix} x_1 \\ x_2 \end{pmatrix} \in \mathbb{R}^2 \,\middle|\, x_1 + x_2 = 0 \right\}$$

$$\mathbb{W}_2 = \left\{ \boldsymbol{x} = \begin{pmatrix} x_1 \\ x_2 \end{pmatrix} \in \mathbb{R}^2 \,\middle|\, x_1 - x_2 = 0 \right\}$$

とすると

$$\begin{pmatrix} 1 \\ -1 \end{pmatrix} \in \mathbb{W}_1, \quad \begin{pmatrix} 1 \\ 1 \end{pmatrix} \in \mathbb{W}_2, \quad \begin{pmatrix} 1 \\ 1 \end{pmatrix} + \begin{pmatrix} 1 \\ -1 \end{pmatrix} = \begin{pmatrix} 2 \\ 0 \end{pmatrix} \notin \mathbb{W}_1 \cup \mathbb{W}_2$$

5.4 $\boldsymbol{u}$ が以下の 2 通りの表し方

問 題 解 答

$$\boldsymbol{u} = c_1\boldsymbol{u}_1 + c_2\boldsymbol{u}_2 + \cdots + c_n\boldsymbol{u}_n, \ \boldsymbol{u} = c'_1\boldsymbol{u}_1 + c'_2\boldsymbol{u}_2 + \cdots + c'_n\boldsymbol{u}_n$$

で表せとすると,等式

$$(c_1 - c'_1)\boldsymbol{u}_1 + (c_2 - c'_2)\boldsymbol{u}_2 + \cdots + (c_n - c'_n)\boldsymbol{u}_n = \boldsymbol{0}$$

を得る.ここで,$\boldsymbol{u}_1, \boldsymbol{u}_2, \cdots, \boldsymbol{u}_n$ が1次独立なので,$c_1 = c'_1, c_2 = c'_2, \cdots, c_n = c'_n$ が得られる.

5.5 $\boldsymbol{u}, \boldsymbol{u}_1, \boldsymbol{u}_2, \cdots, \boldsymbol{u}_n$ が1次従属なので,方程式

$$x\boldsymbol{u} + x_1\boldsymbol{u}_1 + x_2\boldsymbol{u}_2 + \cdots x_n\boldsymbol{u}_n = \boldsymbol{0}$$

は非自明な解 $x = c, x_1 = c_1, x_2 = c_2, \cdots, x_n = c_n$ をもつ.つまり

$$c\boldsymbol{u} + c_1\boldsymbol{u}_1 + c_2\boldsymbol{u}_2 + \cdots c_n\boldsymbol{u}_n = \boldsymbol{0}$$

とかける.さらに $\boldsymbol{u}_1, \boldsymbol{u}_2, \cdots, \boldsymbol{u}_n$ が1次独立なので $c \neq 0$ であることがわかる.したがって,$\boldsymbol{u}$ は

$$\boldsymbol{u} = (c_1/c)\boldsymbol{u}_1 + (c_2/c)\boldsymbol{u}_2 + \cdots (c_n/c)\boldsymbol{u}_n$$

と表せる.

5.6 仮定より,ある実数 $a_{11}, \cdots, a_{1l}, a_{21}, \cdots, a_{2l}, \cdots, a_{m1}, \cdots, a_{ml}$ が存在して,

$$\boldsymbol{v}_1 = a_{11}\boldsymbol{u}_1 + a_{21}\boldsymbol{u}_2 + \cdots + a_{m1}\boldsymbol{u}_m$$
$$\boldsymbol{v}_2 = a_{12}\boldsymbol{u}_1 + a_{22}\boldsymbol{u}_2 + \cdots + a_{m2}\boldsymbol{u}_m$$
$$\vdots$$
$$\boldsymbol{v}_l = a_{1l}\boldsymbol{u}_1 + a_{21}\boldsymbol{u}_2 + \cdots + a_{ml}\boldsymbol{u}_m$$

と表せる.つまり

$$(\boldsymbol{v}_1 \ \boldsymbol{v}_2 \ \cdots \ \boldsymbol{v}_l) = (\boldsymbol{u}_1 \ \boldsymbol{u}_2 \ \cdots \ \boldsymbol{u}_m) \begin{pmatrix} a_{11} & a_{12} & \cdots & a_{1l} \\ a_{21} & a_{22} & \cdots & a_{2l} \\ \vdots & \vdots & & \vdots \\ a_{m1} & a_{m2} & \cdots & a_{ml} \end{pmatrix}$$

ここで $l > m$ なので,連立1次方程式

$$\begin{pmatrix} a_{11} & a_{12} & \cdots & a_{1l} \\ a_{21} & a_{22} & \cdots & a_{2l} \\ \vdots & \vdots & & \vdots \\ a_{m1} & a_{m2} & \cdots & a_{ml} \end{pmatrix} \begin{pmatrix} x_1 \\ x_2 \\ \vdots \\ x_l \end{pmatrix} = \begin{pmatrix} 0 \\ 0 \\ \vdots \\ 0 \end{pmatrix}$$

は非自明解 $x_1 = c_1, x_2 = c_2, ..., x_l = c_l$ をもつ. したがって

$$c_1 \boldsymbol{v}_1 + c_2 \boldsymbol{v}_2 + \cdots + c_l \boldsymbol{v}_l$$
$$= (\boldsymbol{v}_1 \ \boldsymbol{v}_2 \ \cdots \ \boldsymbol{v}_l) \begin{pmatrix} c_1 \\ c_2 \\ \vdots \\ c_l \end{pmatrix}$$
$$= (\boldsymbol{u}_1 \ \boldsymbol{u}_2 \ \cdots \ \boldsymbol{u}_m) \begin{pmatrix} a_{11} & a_{12} & \cdots & a_{1l} \\ a_{21} & a_{22} & \cdots & a_{2l} \\ \vdots & \vdots & & \vdots \\ a_{m1} & a_{m2} & \cdots & a_{ml} \end{pmatrix} \begin{pmatrix} c_1 \\ c_2 \\ \vdots \\ c_l \end{pmatrix} = \boldsymbol{0}$$

となり, $\boldsymbol{v}_1, \boldsymbol{v}_2, \cdots, \boldsymbol{v}_l$ が 1 次従属であることがわかる.

5.7 $\dim(\mathbb{W}_1) = m$, $\dim(\mathbb{W}_2) = n$ とし, $\mathbb{W}_1, \mathbb{W}_2$ の基底をそれぞれ $\{\boldsymbol{u}_1, \cdots, \boldsymbol{u}_m\}$, $\{\boldsymbol{v}_1, \cdots, \boldsymbol{v}_n\}$ とすると, $\mathbb{W}_1 = \langle \boldsymbol{u}_1, \cdots, \boldsymbol{u}_m \rangle$, $\mathbb{W}_2 = \langle \boldsymbol{v}_1, \cdots, \boldsymbol{v}_n \rangle$, $\mathbb{W}_1 + \mathbb{W}_2 = \langle \boldsymbol{u}_1, \cdots, \boldsymbol{u}_m, \boldsymbol{v}_1, \cdots, \boldsymbol{v}_n \rangle$ なので, $\boldsymbol{u}_1, \cdots, \boldsymbol{u}_m, \boldsymbol{v}_1, \cdots, \boldsymbol{v}_n$ は $\mathbb{W}_1 + \mathbb{W}_2$ を生成する.

$$x_1 \boldsymbol{u}_1 + \cdots + x_m \boldsymbol{u}_m + y_1 \boldsymbol{v}_1 + \cdots + y_n \boldsymbol{v}_n = \boldsymbol{0}$$

とおく. ここで,

$$x_1 \boldsymbol{u}_1 + \cdots + x_m \boldsymbol{u}_m = -y_1 \boldsymbol{v}_1 - \cdots - y_n \boldsymbol{v}_n \in \mathbb{W}_1 \cap \mathbb{W}_2$$

なので, 仮定より,

$$x_1 \boldsymbol{u}_1 + \cdots + x_m \boldsymbol{u}_m = -y_1 \boldsymbol{v}_1 - \cdots - y_n \boldsymbol{v}_n = \boldsymbol{0}$$

$\{\boldsymbol{u}_1, \cdots, \boldsymbol{u}_m\}$, $\{\boldsymbol{v}_1, \cdots, \boldsymbol{v}_n\}$ は基底なので,

$$x_1 = \cdots = x_m = y_1 = \cdots = y_n = 0$$

したがって, $\{\boldsymbol{u}_1, \cdots, \boldsymbol{u}_m, \boldsymbol{v}_1, \cdots, \boldsymbol{v}_n\}$ は $\mathbb{W}_1 + \mathbb{W}_2$ の基底になり,

$$\dim(\mathbb{W}_1 + \mathbb{W}_2) = m + n = \dim(\mathbb{W}_1) + \dim(\mathbb{W}_2)$$

● 第 6 章
6.1.4

(1) $T(\boldsymbol{a}) = A\boldsymbol{a} = \begin{pmatrix} -2 & -1 & 3 \\ -5 & -3 & 4 \end{pmatrix} \begin{pmatrix} -1 \\ 0 \\ 1 \end{pmatrix} = \begin{pmatrix} 5 \\ 9 \end{pmatrix}$

(2) $T(\boldsymbol{a}) = A\boldsymbol{a} = \begin{pmatrix} 1 & -2 & 0 \\ 2 & -3 & 1 \\ 0 & -1 & 2 \end{pmatrix} \begin{pmatrix} a_1 \\ a_2 \\ a_3 \end{pmatrix} = \begin{pmatrix} a_1 - 2a_2 \\ 2a_1 - 3a_2 + a_3 \\ -a_2 + 2a_3 \end{pmatrix}$

6.1.6

(1) $f\left(\begin{pmatrix} x_1 \\ x_2 \end{pmatrix} + \begin{pmatrix} y_1 \\ y_2 \end{pmatrix}\right) = f\begin{pmatrix} x_1 + y_1 \\ x_2 + y_2 \end{pmatrix}$

$= \begin{pmatrix} 2(x_1 + y_1) - 3(x_2 + y_2) \\ (x_1 + y_1) + 2(x_2 + y_2) \end{pmatrix} = \begin{pmatrix} (2x_1 - 3x_2) + (2y_1 - 3y_2) \\ (x_1 + 2x_2) + (y_1 + 2y_2) \end{pmatrix}$

$= \begin{pmatrix} 2x_1 - 3x_2 \\ x_1 + 2x_2 \end{pmatrix} + \begin{pmatrix} 2y_1 - 3y_2 \\ y_1 + 2y_2 \end{pmatrix} = f\left(\begin{pmatrix} x_1 \\ x_2 \end{pmatrix}\right) + f\left(\begin{pmatrix} y_1 \\ y_2 \end{pmatrix}\right)$

$f\left(c \begin{pmatrix} x_1 \\ x_2 \end{pmatrix}\right) = f\begin{pmatrix} cx_1 \\ cx_2 \end{pmatrix} = \begin{pmatrix} 2cx_1 - 3cx_2 \\ cx_1 + 2cx_2 \end{pmatrix} = c\begin{pmatrix} 2x_1 - 3x_2 \\ x_1 + 2x_2 \end{pmatrix} = cf\left(\begin{pmatrix} x_1 \\ x_2 \end{pmatrix}\right)$

したがって, f は線形写像である.

(2) $f\left(\begin{pmatrix} 1 \\ 1 \end{pmatrix} + \begin{pmatrix} 1 \\ 1 \end{pmatrix}\right) = f\left(\begin{pmatrix} 2 \\ 2 \end{pmatrix}\right) = \begin{pmatrix} 8 \\ 0 \end{pmatrix}$

$\neq \begin{pmatrix} 4 \\ 0 \end{pmatrix} = \begin{pmatrix} 2 \\ 0 \end{pmatrix} + \begin{pmatrix} 2 \\ 0 \end{pmatrix} = f\left(\begin{pmatrix} 1 \\ 1 \end{pmatrix}\right) + f\left(\begin{pmatrix} 1 \\ 1 \end{pmatrix}\right)$

したがって, f は線形写像でない.

(3) $f\left(0 \begin{pmatrix} 1 \\ 1 \end{pmatrix}\right) = f\begin{pmatrix} 0 \\ 0 \end{pmatrix} = \begin{pmatrix} 0 \\ 2 \end{pmatrix} \neq \begin{pmatrix} 0 \\ 0 \end{pmatrix} = 0f\left(\begin{pmatrix} 1 \\ 1 \end{pmatrix}\right)$

したがって, f は線形写像でない.

(4) $f\left(\begin{pmatrix} x_1 \\ x_2 \\ x_3 \end{pmatrix} + \begin{pmatrix} y_1 \\ y_2 \\ y_3 \end{pmatrix}\right) = f\begin{pmatrix} x_1+y_1 \\ x_2+y_2 \\ x_3+y_3 \end{pmatrix}$

$= (x_1+y_1)+(x_2+y_2)+(x_3+y_3)$

$= (x_1+x_2+x_3)+(y_1+y_2+y_3) = f\left(\begin{pmatrix} x_1 \\ x_2 \\ x_3 \end{pmatrix}\right) + f\left(\begin{pmatrix} y_1 \\ y_2 \\ y_3 \end{pmatrix}\right)$

$f\left(c\begin{pmatrix} x_1 \\ x_2 \\ x_3 \end{pmatrix}\right) = f\begin{pmatrix} cx_1 \\ cx_2 \\ cx_3 \end{pmatrix} = cx_1 + cx_2 + cx_3$

$= c(x_1+x_2+x_3) = cf\left(\begin{pmatrix} x_1 \\ x_2 \\ x_3 \end{pmatrix}\right)$

したがって，f は線形写像である．

6.1.9

(1) $\begin{pmatrix} -1 & -2 & -2 & -1 \\ 2 & 4 & 3 & 1 \\ 1 & 2 & 3 & 2 \end{pmatrix} \xrightarrow{\text{簡約化}} \begin{pmatrix} 1 & 2 & 0 & -1 \\ 0 & 0 & 1 & 1 \\ 0 & 0 & 0 & 0 \end{pmatrix}$

したがって，$\dim(\mathrm{im}(T)) = 2$ で $\mathrm{im}(T)$ の1組の基底は

$$\left\{ \begin{pmatrix} -1 \\ 2 \\ 1 \end{pmatrix}, \begin{pmatrix} -2 \\ 3 \\ 3 \end{pmatrix} \right\}$$

また

$$\ker(T) = \left\{ c_1 \begin{pmatrix} -2 \\ 1 \\ 0 \\ 0 \end{pmatrix} + c_2 \begin{pmatrix} 1 \\ 0 \\ -1 \\ 1 \end{pmatrix} \,\middle|\, c_1, c_2 \in \mathbb{R} \right\}$$

なので，$\dim(\ker(T)) = 2$ で $\ker(T)$ の1組の基底は

$$\left\{ \begin{pmatrix} -2 \\ 1 \\ 0 \\ 0 \end{pmatrix}, \begin{pmatrix} 1 \\ 0 \\ -1 \\ 1 \end{pmatrix} \right\}$$

(2) $\begin{pmatrix} 0 & 1 & 1 & 1 & 0 \\ 0 & 0 & 0 & 0 & 1 \\ -2 & 4 & -2 & 0 & 2 \\ 1 & -2 & 1 & 0 & 0 \end{pmatrix} \xrightarrow{\text{簡約化}} \begin{pmatrix} 1 & 0 & 3 & 2 & 0 \\ 0 & 1 & 1 & 1 & 0 \\ 0 & 0 & 0 & 0 & 1 \\ 0 & 0 & 0 & 0 & 0 \end{pmatrix}$

したがって，$\dim(\operatorname{im}(T)) = 3$ で $\operatorname{im}(T)$ の 1 組の基底は

$$\left\{ \begin{pmatrix} 0 \\ 0 \\ -2 \\ 1 \end{pmatrix}, \begin{pmatrix} 1 \\ 0 \\ 4 \\ -2 \end{pmatrix}, \begin{pmatrix} 0 \\ 1 \\ 2 \\ 0 \end{pmatrix} \right\}$$

また

$$\ker(T) = \left\{ c_1 \begin{pmatrix} -3 \\ -1 \\ 1 \\ 0 \\ 0 \end{pmatrix} + c_2 \begin{pmatrix} -2 \\ -1 \\ 0 \\ 1 \\ 0 \end{pmatrix} \;\middle|\; c_1, c_2 \in \mathbb{R} \right\}$$

なので，$\dim(\ker(T)) = 2$ で $\ker(T)$ の 1 組の基底は

$$\left\{ \begin{pmatrix} -3 \\ -1 \\ 1 \\ 0 \\ 0 \end{pmatrix}, \begin{pmatrix} -2 \\ -1 \\ 0 \\ 1 \\ 0 \end{pmatrix} \right\}$$

(3) $\begin{pmatrix} 0 & -3 & -3 & -3 & 1 \\ 2 & 0 & 6 & -2 & 6 \\ 0 & 1 & 1 & 1 & 3 \\ -1 & -2 & -5 & -1 & -4 \end{pmatrix} \xrightarrow{\text{簡約化}} \begin{pmatrix} 1 & 0 & 3 & -1 & 0 \\ 0 & 1 & 1 & 1 & 0 \\ 0 & 0 & 0 & 0 & 1 \\ 0 & 0 & 0 & 0 & 0 \end{pmatrix}$

したがって，$\dim(\operatorname{im}(T)) = 3$ で $\operatorname{im}(T)$ の 1 組の基底は

$$\left\{ \begin{pmatrix} 0 \\ 2 \\ 0 \\ -1 \end{pmatrix}, \begin{pmatrix} -3 \\ 0 \\ 1 \\ -2 \end{pmatrix}, \begin{pmatrix} 1 \\ 6 \\ 3 \\ -4 \end{pmatrix} \right\}$$

また

$$\ker(T) = \left\{ c_1 \begin{pmatrix} -3 \\ -1 \\ 1 \\ 0 \\ 0 \end{pmatrix} + c_2 \begin{pmatrix} 1 \\ -1 \\ 0 \\ 1 \\ 0 \end{pmatrix} \middle| c_1, c_2 \in \mathbb{R} \right\}$$

なので，$\dim(\ker(T)) = 2$ で $\ker(T)$ の 1 組の基底は

$$\left\{ \begin{pmatrix} -3 \\ -1 \\ 1 \\ 0 \\ 0 \end{pmatrix}, \begin{pmatrix} 1 \\ -1 \\ 0 \\ 1 \\ 0 \end{pmatrix} \right\}$$

6.2.7

(1) $\begin{pmatrix} 1 & 2 \\ 2 & 3 \end{pmatrix}^{-1} \begin{pmatrix} 1 & 2 \\ 2 & 1 \end{pmatrix} \begin{pmatrix} 1 & 2 \\ 2 & 3 \end{pmatrix}$

$= \begin{pmatrix} -3 & 2 \\ 2 & -1 \end{pmatrix} \begin{pmatrix} 1 & 2 \\ 2 & 1 \end{pmatrix} \begin{pmatrix} 1 & 2 \\ 2 & 3 \end{pmatrix} = \begin{pmatrix} -7 & -10 \\ 6 & 9 \end{pmatrix}$

(2) $\begin{pmatrix} 1 & 2 \\ 2 & 3 \end{pmatrix}^{-1} \begin{pmatrix} 2 & 4 & 1 \\ 1 & 5 & 3 \end{pmatrix} \begin{pmatrix} 1 & 1 & 0 \\ 0 & 2 & 1 \\ 1 & 2 & 1 \end{pmatrix}$

$= \begin{pmatrix} -3 & 2 \\ 2 & -1 \end{pmatrix} \begin{pmatrix} 2 & 4 & 1 \\ 1 & 5 & 3 \end{pmatrix} \begin{pmatrix} 1 & 1 & 0 \\ 0 & 2 & 1 \\ 1 & 2 & 1 \end{pmatrix} = \begin{pmatrix} -1 & -2 & 1 \\ 2 & 7 & 2 \end{pmatrix}$

(3) $\begin{pmatrix} 1 & 0 & 1 \\ 0 & 1 & 1 \\ 1 & 0 & 0 \end{pmatrix}^{-1} \begin{pmatrix} 1 & 3 & 5 & 6 \\ -1 & 2 & -1 & 0 \\ 0 & -3 & 1 & 1 \end{pmatrix} \begin{pmatrix} 1 & 1 & 1 & 1 \\ 1 & 0 & 1 & 1 \\ 0 & -1 & 1 & 1 \\ 2 & 0 & 0 & 1 \end{pmatrix}$

$= \begin{pmatrix} 0 & 0 & 1 \\ -1 & 1 & 1 \\ 1 & 0 & -1 \end{pmatrix} \begin{pmatrix} 1 & 3 & 5 & 6 \\ -1 & 2 & -1 & 0 \\ 0 & -3 & 1 & 1 \end{pmatrix} \begin{pmatrix} 1 & 1 & 1 & 1 \\ 1 & 0 & 1 & 1 \\ 0 & -1 & 1 & 1 \\ 2 & 0 & 0 & 1 \end{pmatrix}$

$= \begin{pmatrix} -1 & -1 & -2 & -1 \\ -16 & 3 & -11 & -16 \\ 17 & -3 & 11 & 16 \end{pmatrix}$

6.3.5 (1) 固有値は 2 と 4.
$$W(2;T_A) = \left\{ c \begin{pmatrix} 1 \\ -1 \end{pmatrix} \middle| c \in \mathbb{R} \right\}, \ W(4;T_A) = \left\{ c \begin{pmatrix} -1 \\ 3 \end{pmatrix} \middle| c \in \mathbb{R} \right\}$$

(2) 固有値は 1.
$$W(1;T_A) = \left\{ c \begin{pmatrix} 1 \\ -1 \end{pmatrix} \middle| c \in \mathbb{R} \right\}$$

(3) 固有値は 1 と 2.
$$W(1;T_A) = \left\{ c \begin{pmatrix} 1 \\ 0 \\ 0 \end{pmatrix} \middle| c \in \mathbb{R} \right\}, \ W(2;T_A) = \left\{ c \begin{pmatrix} -2 \\ -1 \\ 1 \end{pmatrix} \middle| c \in \mathbb{R} \right\}$$

(4) 固有値は 2 と 3.
$$W(2;T_A) = \left\{ c_1 \begin{pmatrix} 1 \\ 2 \\ 2 \end{pmatrix} + c_2 \begin{pmatrix} 1 \\ 0 \\ 1 \end{pmatrix} \middle| c_1, c_2 \in \mathbb{R} \right\}$$

$$W(3;T_A) = \left\{ c \begin{pmatrix} 1 \\ 1 \\ 1 \end{pmatrix} \middle| c \in \mathbb{R} \right\}.$$

6.3.10 (1) $\dim(W(2;T_A)) + \dim(W(4;T_A)) = 2$ なので対角化可能で，

$$\begin{pmatrix} 1 & -1 \\ -1 & 3 \end{pmatrix}^{-1} A \begin{pmatrix} 1 & -1 \\ -1 & 3 \end{pmatrix} = \begin{pmatrix} 2 & 0 \\ 0 & 4 \end{pmatrix}$$

(2) $\dim(W(1;T_A)) = 1$ なので対角化不可能．

(3) $\dim(W(1;T_A)) + \dim(W(2;T_A)) = 2$ なので対角化不可能．

(4) $\dim(W(2;T_A)) + \dim(W(3;T_A)) = 3$ なので対角化可能で，

$$\begin{pmatrix} 1 & 1 & 1 \\ 2 & 0 & 1 \\ 2 & 1 & 1 \end{pmatrix}^{-1} A \begin{pmatrix} 1 & 1 & 1 \\ 2 & 0 & 1 \\ 2 & 1 & 1 \end{pmatrix} = \begin{pmatrix} 2 & 0 & 0 \\ 0 & 2 & 0 \\ 0 & 0 & 3 \end{pmatrix}$$

6.3.12

(1) $P = \begin{pmatrix} 1 & 2 \\ 2 & 3 \end{pmatrix}$

とすると

$$P^{-1}AP = \begin{pmatrix} -3 & 2 \\ 2 & -1 \end{pmatrix} \begin{pmatrix} 5 & -2 \\ 6 & -2 \end{pmatrix} \begin{pmatrix} 1 & 2 \\ 2 & 3 \end{pmatrix} = \begin{pmatrix} 1 & 0 \\ 0 & 2 \end{pmatrix}$$

したがって

$$A^n = P \begin{pmatrix} 1 & 0 \\ 0 & 2 \end{pmatrix}^n P^{-1} = \begin{pmatrix} 1 & 2 \\ 2 & 3 \end{pmatrix} \begin{pmatrix} 1 & 0 \\ 0 & 2^n \end{pmatrix} \begin{pmatrix} -3 & 2 \\ 2 & -1 \end{pmatrix}$$
$$= \begin{pmatrix} -3 + 2^{n+2} & 2 - 2^{n+1} \\ -6 + 3 \cdot 2^{n+1} & 4 - 3 \cdot 2^n \end{pmatrix}$$

(2) $P = \begin{pmatrix} 1 & 1 \\ 1 & 2 \end{pmatrix}$

とすると

$$P^{-1}AP = \begin{pmatrix} 2 & -1 \\ -1 & 1 \end{pmatrix} \begin{pmatrix} 1 & 1 \\ -2 & 4 \end{pmatrix} \begin{pmatrix} 1 & 1 \\ 1 & 2 \end{pmatrix} = \begin{pmatrix} 2 & 0 \\ 0 & 3 \end{pmatrix}$$

したがって

$$A^n = P\begin{pmatrix} 2 & 0 \\ 0 & 3 \end{pmatrix}^n P^{-1} = \begin{pmatrix} 1 & 1 \\ 1 & 2 \end{pmatrix}\begin{pmatrix} 2^n & 0 \\ 0 & 3^n \end{pmatrix}\begin{pmatrix} 2 & -1 \\ -1 & 1 \end{pmatrix}$$

$$= \begin{pmatrix} 2^{n+1} - 3^n & -2^n + 3^n \\ 2^{n+1} - 2\cdot 3^n & -2^n + 2\cdot 3^n \end{pmatrix}$$

(3) $P = \begin{pmatrix} 2 & -3 & -4 \\ -1 & 2 & 1 \\ 0 & 0 & 1 \end{pmatrix}$

とすると

$P^{-1}AP$
$= \begin{pmatrix} 2 & 3 & 5 \\ 1 & 2 & 2 \\ 0 & 0 & 1 \end{pmatrix}\begin{pmatrix} 1 & 0 & -4 \\ 0 & 1 & 1 \\ 0 & 0 & 2 \end{pmatrix}\begin{pmatrix} 2 & -3 & -4 \\ -1 & 2 & 1 \\ 0 & 0 & 1 \end{pmatrix} = \begin{pmatrix} 1 & 0 & 0 \\ 0 & 1 & 0 \\ 0 & 0 & 2 \end{pmatrix}$

したがって

$$A^n = P\begin{pmatrix} 1 & 0 & 0 \\ 0 & 1 & 0 \\ 0 & 0 & 2 \end{pmatrix}^n P^{-1}$$

$$= \begin{pmatrix} 2 & -3 & -4 \\ -1 & 2 & 1 \\ 0 & 0 & 1 \end{pmatrix}\begin{pmatrix} 1 & 0 & 0 \\ 0 & 1 & 0 \\ 0 & 0 & 2^n \end{pmatrix}\begin{pmatrix} 2 & 3 & 5 \\ 1 & 2 & 2 \\ 0 & 0 & 1 \end{pmatrix}$$

$$= \begin{pmatrix} 1 & 0 & 4 - 2^{n+2} \\ 0 & 1 & 2^n - 1 \\ 0 & 0 & 2^n \end{pmatrix}$$

(4) $P = \begin{pmatrix} 1 & 0 & 1 \\ 0 & 1 & 1 \\ 1 & 0 & 0 \end{pmatrix}$

とすると

$P^{-1}AP$
$$= \begin{pmatrix} 0 & 0 & 1 \\ -1 & 1 & 1 \\ 1 & 0 & -1 \end{pmatrix} \begin{pmatrix} 3 & 0 & -2 \\ 1 & 2 & -1 \\ 0 & 0 & 1 \end{pmatrix} \begin{pmatrix} 1 & 0 & 1 \\ 0 & 1 & 1 \\ 1 & 0 & 0 \end{pmatrix} = \begin{pmatrix} 1 & 0 & 0 \\ 0 & 2 & 0 \\ 0 & 0 & 3 \end{pmatrix}$$

したがって

$$A^n = P \begin{pmatrix} 1 & 0 & 0 \\ 0 & 2 & 0 \\ 0 & 0 & 3 \end{pmatrix}^n P^{-1}$$

$$= \begin{pmatrix} 1 & 0 & 1 \\ 0 & 1 & 1 \\ 1 & 0 & 0 \end{pmatrix} \begin{pmatrix} 1 & 0 & 0 \\ 0 & 2^n & 0 \\ 0 & 0 & 3^n \end{pmatrix} \begin{pmatrix} 0 & 0 & 1 \\ -1 & 1 & 1 \\ 1 & 0 & -1 \end{pmatrix}$$

$$= \begin{pmatrix} 3^n & 0 & 1-3^n \\ -2^n+3^n & 2^n & 2^n-3^n \\ 0 & 0 & 1 \end{pmatrix}$$

章末問題

6.1 $\boldsymbol{x}, \boldsymbol{y} \in \mathbb{R}^n, c \in \mathbb{R}$ に対し

$$T_A(\boldsymbol{x}+\boldsymbol{y}) = A(\boldsymbol{x}+\boldsymbol{y}) = A\boldsymbol{x} + A\boldsymbol{y} = T_A(\boldsymbol{x}) + T_A(\boldsymbol{y})$$

$$T_A(c\boldsymbol{x}) = A(c\boldsymbol{x}) = cA\boldsymbol{x} = cT_A(\boldsymbol{x})$$

となり，条件 (1), (2) を満たす．

6.2 $\boldsymbol{x}, \boldsymbol{y} \in \mathbb{U}, c \in \mathbb{R}$ に対し

$$T_2 \circ T_1(\boldsymbol{x}+\boldsymbol{y}) = T_2(T_1(\boldsymbol{x}+\boldsymbol{y})) = T_2(T_1(\boldsymbol{x}) + T_1(\boldsymbol{y}))$$
$$= T_2(T_1(\boldsymbol{x})) + T_2(T_1(\boldsymbol{y})) = T_2 \circ T_1(\boldsymbol{x}) + T_2 \circ T_1(\boldsymbol{y})$$

$$T_2 \circ T_1(c\boldsymbol{x}) = T_2(T_1(c\boldsymbol{x})) = T_2(cT_1(\boldsymbol{x})) = cT_2(T_1(\boldsymbol{x})) = cT_2 \circ T_1(\boldsymbol{x})$$

となり，条件 (1), (2) を満たす．

6.3 $T(\boldsymbol{0}) = \boldsymbol{0} \in \mathrm{im}(T)$.

$T(\boldsymbol{x}), T(\boldsymbol{y}) \in \mathrm{im}(T), c \in \mathbb{R}$ に対し，

$$T(\boldsymbol{x}) + T(\boldsymbol{y}) = T(\boldsymbol{x}+\boldsymbol{y}) \in \mathrm{im}(T), \quad cT(\boldsymbol{x}) = T(c\boldsymbol{x}) \in \mathrm{im}(T)$$

したがって，im(T) は部分空間である．

$T(\boldsymbol{0}) = \boldsymbol{0}$ より $\boldsymbol{0} \in \ker(T)$．

$\boldsymbol{x}, \boldsymbol{y} \in \ker(T), c \in \mathbb{R}$ に対し，
$$T(\boldsymbol{x}+\boldsymbol{y}) = T(\boldsymbol{x}) + T(\boldsymbol{y}) = \boldsymbol{0} + \boldsymbol{0} = \boldsymbol{0}, \ T(c\boldsymbol{x}) = cT(\boldsymbol{x}) = c\boldsymbol{0} = \boldsymbol{0}$$
より $\boldsymbol{x}+\boldsymbol{y} \in \ker(T), c\boldsymbol{x} \in \ker(T)$．したがって，$\ker(T)$ は部分空間である．

6.4 $\dim(\ker(T)) = s, \dim(\mathrm{im}(T)) = r$ とおく．$\{\boldsymbol{v}_1, \boldsymbol{v}_2, \cdots, \boldsymbol{v}_s\}$ を $\ker(T)$ の基底，$\{\boldsymbol{u}_1, \boldsymbol{u}_2, \cdots, \boldsymbol{u}_r\}$ を $\{T(\boldsymbol{u}_1), T(\boldsymbol{u}_2), \cdots, T(\boldsymbol{u}_r)\}$ が im(T) の基底になる $\mathbb{V}$ のベクトルの集合とする．このとき集合 $\{\boldsymbol{v}_1, \boldsymbol{v}_2, \cdots, \boldsymbol{v}_s, \boldsymbol{u}_1, \boldsymbol{u}_2, \cdots, \boldsymbol{u}_r\}$ が $\mathbb{V}$ の基底になることを示せばよい．

まず生成することを示す．$\boldsymbol{v}$ を $\mathbb{V}$ の任意のベクトルとすると，$T(\boldsymbol{v}) \in \mathrm{im}(T)$ より
$$T(\boldsymbol{v}) = b_1 T(\boldsymbol{u}_1) + b_2 T(\boldsymbol{u}_2) + \cdots + b_s T(\boldsymbol{u}_r)$$
と表せる．ここで，
$$\boldsymbol{0} = T(\boldsymbol{v}) - (b_1 T(\boldsymbol{u}_1) + b_2 T(\boldsymbol{u}_2) + \cdots + b_s T(\boldsymbol{u}_r))$$
$$= T(\boldsymbol{v} - (b_1 \boldsymbol{u}_1 + b_2 \boldsymbol{u}_2 + \cdots + b_s \boldsymbol{u}_r))$$
なので，$\boldsymbol{v} - (b_1 \boldsymbol{u}_1 + b_2 \boldsymbol{u}_2 + \cdots + b_r \boldsymbol{u}_r) \in \ker(T)$．したがって
$$\boldsymbol{v} - (b_1 \boldsymbol{u}_1 + b_2 \boldsymbol{u}_2 + \cdots + b_r \boldsymbol{u}_r) = a_1 \boldsymbol{v}_1 + a_2 \boldsymbol{v}_2 + \cdots + a_s \boldsymbol{v}_s$$
と表せる．つまり
$$\boldsymbol{v} = a_1 \boldsymbol{v}_1 + a_2 \boldsymbol{v}_2 + \cdots + a_s \boldsymbol{v}_s + b_1 \boldsymbol{u}_1 + b_2 \boldsymbol{u}_2 + \cdots + b_r \boldsymbol{u}_r$$
と表せるので，$\boldsymbol{v}_1, \boldsymbol{v}_2, \cdots, \boldsymbol{v}_s, \boldsymbol{u}_1, \boldsymbol{u}_2, \cdots, \boldsymbol{u}_r$ は $\mathbb{V}$ を生成する．

次に 1 次独立であることを示す．
$$x_1 \boldsymbol{v}_1 + x_2 \boldsymbol{v}_2 + \cdots + x_s \boldsymbol{v}_s + y_1 \boldsymbol{u}_1 + y_2 \boldsymbol{u}_2 + \cdots + y_r \boldsymbol{u}_r = \boldsymbol{0}$$
とすると
$$\boldsymbol{0} = T(x_1 \boldsymbol{v}_1 + x_2 \boldsymbol{v}_2 + \cdots + x_s \boldsymbol{v}_s + y_1 \boldsymbol{u}_1 + y_2 \boldsymbol{u}_2 + \cdots + y_r \boldsymbol{u}_r)$$
$$= T(y_1 \boldsymbol{u}_1 + y_2 \boldsymbol{u}_2 + \cdots + y_r \boldsymbol{u}_r)$$
$$= y_1 T(\boldsymbol{u}_1) + y_2 T(\boldsymbol{u}_2) + \cdots + y_r T(\boldsymbol{u}_r)$$
ここで $T(\boldsymbol{u}_1), T(\boldsymbol{u}_2), \cdots, T(\boldsymbol{u}_r)$ は 1 次独立なので，$y_1 = y_2 = \cdots = y_r = 0$ を得る．したがって

$$\mathbf{0} = x_1\boldsymbol{v}_1 + x_2\boldsymbol{v}_2 + \cdots + x_s\boldsymbol{v}_s + y_1\boldsymbol{u}_1 + y_2\boldsymbol{u}_2 + \cdots + y_r\boldsymbol{u}_r$$

$$= x_1\boldsymbol{v}_1 + x_2\boldsymbol{v}_2 + \cdots + x_s\boldsymbol{v}_s$$

$\boldsymbol{v}_1, \boldsymbol{v}_2, \cdots, \boldsymbol{v}_s$ は 1 次独立なので, $x_1 = x_2 = \cdots = x_s = 0$ を得る. つまり $\boldsymbol{v}_1, \boldsymbol{v}_2, \cdots, \boldsymbol{v}_s, \boldsymbol{u}_1, \boldsymbol{u}_2, \cdots, \boldsymbol{u}_r$ は 1 次独立である.

6.5 $\dim(\ker(T)) = s$, $\dim(\mathrm{im}(T)) = r$ とおく. $\{\boldsymbol{v}_1, \boldsymbol{v}_2, \cdots, \boldsymbol{v}_s\}$ を $\ker(T)$ の基底, $\{\boldsymbol{u}_1, \boldsymbol{u}_2, \cdots, \boldsymbol{u}_r\}$ を $\{T(\boldsymbol{u}_1), T(\boldsymbol{u}_2), \cdots, T(\boldsymbol{u}_s)\}$ が $\mathrm{im}(T)$ の基底になる $\mathbb{V}$ のベクトルの集合とする. このとき集合 $\{\boldsymbol{u}_1, \boldsymbol{u}_2, \cdots, \boldsymbol{u}_r, \boldsymbol{v}_1, \boldsymbol{v}_2, \cdots, \boldsymbol{v}_s\}$ は $\mathbb{V}$ の基底になる (6.4 の解答参照).

$t = m - r \, (\geq 0)$ とする. $\mathbb{W}$ のベクトル $\boldsymbol{w}_1, \cdots, \boldsymbol{w}_t$ が存在し

$$\{T(\boldsymbol{u}_1), \cdots, T(\boldsymbol{u}_r), \boldsymbol{w}_1, \cdots, \boldsymbol{w}_t\}$$

が $\mathbb{W}$ の基底になることを示す. $t = 0$ ならば, $\{T(\boldsymbol{u}_1), \cdots, T(\boldsymbol{u}_r)\}$ が $\mathbb{W}$ の基底である. そこで $t \neq 0$ とする. $\mathbb{W} - \langle T(\boldsymbol{u}_1), \cdots, T(\boldsymbol{u}_r)\rangle \neq \{\mathbf{0}\}$ なので, $\mathbb{W} - \langle T(\boldsymbol{u}_1), \cdots, T(\boldsymbol{u}_r)\rangle$ のベクトル $\boldsymbol{w}_1$ が存在する. $x_1T(\boldsymbol{u}_1) + \cdots + x_rT(\boldsymbol{u}_r) + y\boldsymbol{w}_1 = \mathbf{0}$ とすると, $\boldsymbol{w}_1 \notin \langle T(\boldsymbol{u}_1), \cdots, T(\boldsymbol{u}_r)\rangle$ なので $y = 0$, また $T(\boldsymbol{u}_1), \cdots, T(\boldsymbol{u}_r)$ が 1 次独立であることから $x_1 = \cdots = x_r = 0$. したがって, $T(\boldsymbol{u}_1), \cdots, T(\boldsymbol{u}_r), \boldsymbol{w}_1$ は 1 次独立である. 同様にベクトル

$$\boldsymbol{w}_2 \in \mathbb{W} - \langle T(\boldsymbol{u}_1), \cdots, T(\boldsymbol{u}_r), \boldsymbol{w}_1 \rangle$$

$$\boldsymbol{w}_3 \in \mathbb{W} - \langle T(\boldsymbol{u}_1), \cdots, T(\boldsymbol{u}_r), \boldsymbol{w}_1, \boldsymbol{w}_2 \rangle$$

$$\vdots$$

$$\boldsymbol{w}_t \in \mathbb{W} - \langle T(\boldsymbol{u}_1), \cdots, T(\boldsymbol{u}_r), \boldsymbol{w}_1, \boldsymbol{w}_2, \cdots, \boldsymbol{w}_{t-1} \rangle$$

が存在し, $T(\boldsymbol{u}_1), \cdots, T(\boldsymbol{u}_r), \boldsymbol{w}_1, \cdots, \boldsymbol{w}_t$ は 1 次独立になる. ここで $r + t = m$ なので, $\{T(\boldsymbol{u}_1), \cdots, T(\boldsymbol{u}_r), \boldsymbol{w}_1, \cdots, \boldsymbol{w}_t\}$ は $\mathbb{W}$ の基底である.

$\mathbb{V}$ の基底 $\{\boldsymbol{u}_1, \boldsymbol{u}_2, \cdots, \boldsymbol{u}_r, \boldsymbol{v}_1, \boldsymbol{v}_2, \cdots, \boldsymbol{v}_s\}$ と $\mathbb{W}$ の基底 $\{T(\boldsymbol{u}_1), \cdots, T(\boldsymbol{u}_r), \boldsymbol{w}_1, \cdots, \boldsymbol{w}_t\}$ が求めるものであることは容易に確かめられる.

6.6 行列 $(\boldsymbol{e}_1 \cdots \boldsymbol{e}_n)$, $(\boldsymbol{e}'_1 \cdots \boldsymbol{e}'_m)$ は単位行列なので,

$$(T_A(\boldsymbol{e}_1) \cdots T_A(\boldsymbol{e}_n)) = (A\boldsymbol{e}_1 \cdots A\boldsymbol{e}_n) = A(\boldsymbol{e}_1 \cdots \boldsymbol{e}_n) = A = (\boldsymbol{e}'_1 \cdots \boldsymbol{e}'_m)A$$

が成立する. 表現行列の一意性より結論を得る.

6.7 ベクトル空間 $\mathbb{V}$ の 2 組の基底を $\{\boldsymbol{u}_1, \cdots, \boldsymbol{u}_n\}$, $\{\boldsymbol{v}_1, \cdots, \boldsymbol{v}_n\}$ とし, その変換行列を A とする. つまり, $(\boldsymbol{u}_1 \cdots \boldsymbol{u}_n) = (\boldsymbol{v}_1 \cdots \boldsymbol{v}_n)A$ とする. ここで

$$x_1 \boldsymbol{u}_1 + \cdots + x_n \boldsymbol{u}_n = (\boldsymbol{u}_1 \ \cdots \ \boldsymbol{u}_n) \begin{pmatrix} x_1 \\ \vdots \\ x_n \end{pmatrix}$$

$$= (\boldsymbol{v}_1 \ \cdots \ \boldsymbol{v}_n) A \begin{pmatrix} x_1 \\ \vdots \\ x_n \end{pmatrix}$$

とすると,$\{\boldsymbol{v}_1, \cdots, \boldsymbol{v}_n\}$ は1次独立なので

$$A \begin{pmatrix} x_1 \\ \vdots \\ x_n \end{pmatrix} = \boldsymbol{0}$$

もし A が正則でないとすると,この連立1次方程式は非自明解 $x_1 = c_1, \cdots, x_n = c_n$ をもち,$c_1 \boldsymbol{u}_1 + \cdots + c_n \boldsymbol{u}_n = \boldsymbol{0}$ となり,$\{\boldsymbol{u}_1, \cdots, \boldsymbol{u}_n\}$ が基底であることに反する.

●第7章

7.1.6 (1) $0 < |x-1| < \delta$ ならば $|f(x) - 3| = |3x - 3| = 3|x - 1| < 3\delta$ そこで,$\varepsilon > 0$ に対し,$\delta = \dfrac{\varepsilon}{3}$ とすれば,$0 < |x-1| < \delta$ ならば $|f(x) - 3| < \varepsilon$.

(2) $0 < |x-2| < \delta$ ならば $|f(x) - 7| = |2x^2 - 8| = |2(x-2)^2 + 8(x-2)| \le 2|x-2|^2 + 8|x-2| < 2\delta^2 + 8\delta$ そこで,$\varepsilon > 0$ に対し,$\delta = \min\left\{\sqrt{\dfrac{\varepsilon}{4}}, \dfrac{\varepsilon}{16}\right\}$ とすれば,$0 < |x-2| < \delta$ ならば $|f(x) - 7| < \varepsilon$.

(3) $0 < |x-(-1)| = |x+1| < \delta$ ならば $|f(x) - (-1)| = |3x^3 + x^2 - x + 1| = |3(x+1)^3 - 8(x+1)^2 + 6(x+1)| \le 3|x+1|^3 + 8|x+1|^2 + 6|x+1| \le 3\delta^3 + 8\delta^2 + 6\delta$ そこで,$\varepsilon > 0$ に対し,$\delta = \min\left\{\sqrt[3]{\dfrac{\varepsilon}{9}}, \sqrt{\dfrac{\varepsilon}{24}}, \dfrac{\varepsilon}{18}\right\}$ とすれば,$0 < |x-(-1)| < \delta$ ならば $|f(x) - (-1)| < \varepsilon$.

7.2.5 (1) $0 < |x-a| < \delta$ とする.$|f(x) - f(a)| = |5x + 1 - (5a+1)| = 5|x-a| < 5\delta$ よって,$\delta = \dfrac{\varepsilon}{5}$ とすれば,$|f(x) - f(a)| < \varepsilon$.

(2) $0 < |x-a| < \delta$ とする.$|f(x) - f(a)| = |x^2 - 2x + 5 - (a^2 - 2x + 5)| < \delta^2 + 2|a - 1|\delta$. よって,

$$\delta = \begin{cases} \sqrt{\varepsilon} & (a = 1 \text{ の場合}) \\ \min\left\{\sqrt{\dfrac{\varepsilon}{2}}, \dfrac{\varepsilon}{4|a-1|}\right\} & (a \neq 1 \text{ 場合}) \end{cases}$$

とすれば, $0 < |x - 2| < \delta$ ならば $|f(x) - f(a)| < \varepsilon$.

(3) $0 < |x - a| < \delta$ とする. $|f(x) - f(a)| = \left|\dfrac{1}{x} - \dfrac{1}{a}\right| < \dfrac{|x-a|}{|x||a|} < \dfrac{|x-a|}{(|a| - |x-a|)|a|} < \dfrac{\delta}{(|a|-\delta)|a|}$ よって, $\delta = \min\left\{\dfrac{|a|}{2}, \dfrac{|a|^2 \varepsilon}{2}\right\}$ とすれば, $|f(x) - f(a)| < \dfrac{\frac{\varepsilon|a|^2}{2}}{\frac{|a|}{2}|a|} = \varepsilon$.

7.3.3 (1) $\dfrac{f(a+h) - f(a)}{h} = \dfrac{(a+h) - a}{h} = 1$

(2) $\dfrac{f(a+h) - f(a)}{h} = \dfrac{c - c}{h} = 0$

(3) $\dfrac{f(a+h) - f(a)}{h} = \dfrac{-2(a+h)^3 + 2(a+h)^2 - (a+h) + 3 - (-2a^3 + 2a^2 - a + 3)}{h}$
$= \dfrac{(-6a^2 + 4a - 1)h + (-6a+2)h^2 - 2h^3}{h} = -6a^2 + 4a - 1 + (-6a+2)h - 2h^2$

(4) $\dfrac{f(a+h) - f(a)}{h} = \dfrac{\frac{1}{a+h} - \frac{1}{a}}{h} = \dfrac{-1}{a(a+h)}$

(5) $\dfrac{f(a+h) - f(a)}{h} = \dfrac{\frac{1}{1+(a+h)^2} - \frac{1}{1+a^2}}{h} = \dfrac{-2a - h}{(1+(a+h)^2)(1+a^2)}$

(6) $\dfrac{f(a+h) - f(a)}{h} = \dfrac{(a+h)^n - a^n}{h}$
$= (a+h)^{n-1} + (a+h)^{n-2}a + (a+h)^{n-3}a^2 + \cdots + a^{n-1}$

7.3.7 (1) $\lim_{h \to 0} \dfrac{f(a+h) - f(a)}{h} = \lim_{h \to 0} \dfrac{2(a+h) - 2a}{h} \lim_{h \to 0} 2 = 2$

(2) $\lim_{h \to 0} \dfrac{f(a+h) - f(a)}{h} = \lim_{h \to 0} \dfrac{c - c}{h} = 0$

(3) $\lim_{h \to 0} \dfrac{f(a+h) - f(a)}{h} = \lim_{h \to 0} \dfrac{2(a+h)^2 + 3(a+h) + 1 - (2a^2 + 3a + 1)}{h}$
$= \lim_{h \to 0} (4a + 3 + 2h) = 4a + 3$

(4) $\lim_{h \to 0} \dfrac{f(a+h) - f(a)}{h} = \lim_{h \to 0} \dfrac{(a+h)^3 - 2(a+h)^2 + (a+h) + 2 - (a^3 - 2a^2 + a + 2)}{h}$
$= \lim_{h \to 0} (3a^2 - 4a + 1 + (3a-2)h + h^2) = 3a^2 - 4a + 1$

(5) $\lim_{h \to 0} \dfrac{f(a+h) - f(a)}{h} = \lim_{h \to 0} \dfrac{\frac{1}{a+h} - \frac{1}{a}}{h} = \lim_{h \to 0} \dfrac{-1}{a(a+h)} = \dfrac{-1}{a^2}$

7.3.12 (1) $f'(x) = 0$

(2) $f'(x) = -3$

(3) $f'(x) = 2x + 3$

(4) $f'(x) = 9x^2 + 4x$

(5) $f'(x) = (2x+1)'(3x+2) + (2x+1)(3x+2)' = 2(3x+2) + (2x+1)3$
$= 8x + 7$

(6) $f'(x) = (x^2+2x+1)'(2x^3+3x+1) + (x^2+2x+1)(2x^3+3x+1)'$
$= (2x+2)(2x^3+3x+1) + (x^2+2x+1)(6x+3)$

(7) $f'(x) = \dfrac{-(x^2+1)'}{(x^2+1)^2} = \dfrac{-2x}{(x^2+1)^2}$

(8) $f'(x) = \dfrac{(x)'(x^2+x+1) - x(x^2+x+1)'}{(x^2+x+1)^2} = \dfrac{-x^2+1}{(x^2+x+1)^2}$

(9) $f'(x) = 10(x^2-x+1)^9(x^2-x+1)' + 5(x^2-x+1)^4(x^2-x+1)' + 0$
$= 10(x^2-x+1)^9(2x-1) + 5(x^2-x+1)^4(2x-1)$

(10) $f'(x) = \dfrac{1}{2}\dfrac{-(1+x^2)'}{\sqrt{1+x^2}} = \dfrac{-x}{\sqrt{1+x^2}}$

(11) $f'(x) = e^{5x+1}(5x+1)' = 5e^{5x+1}$

(12) $f'(x) = \dfrac{1}{x^2+1}(x^2+1)' = \dfrac{2x}{x^2+1}$

7.4.4 (1) $f'(x) = 2x + 3 = 2\left(x + \dfrac{3}{2}\right)$ より, f が極値をとる可能性のあるのは $-\dfrac{3}{2}$ においてのみである.

x		$-\dfrac{3}{2}$	
$f'(x)$	−	0	+
$f(x)$	減少	極小値	増加

上の表より, $f(x)$ は $x = \dfrac{3}{2}$ のとき, 極小値 $-\dfrac{5}{4}$ をとる.

(2) $f'(x) = 3x^2$ より, f が極値をとる可能性のあるのは 0 においてのみである.

x		0	
$f'(x)$	+	0	+
$f(x)$	増加		増加

上の表より, $f(x)$ は極値をとらない.

(3) $f'(x) = 1 - \dfrac{1}{x^2} = \dfrac{(x+1)(x-1)}{x^2}$ より, f が極値をとる可能性のあるのは -1 と 1 においてのみである.

x		-1		0		1	
$f'(x)$	$+$	0	$-$		$-$	0	$+$
$f(x)$	増加	極大値	減少		減少	極小値	増加

上の表より, $f(x)$ は $x = -1$ のとき, 極大値 -2, $x = 1$ のとき, 極小値 2 をとる.

7.5.3 (1) a における f の変化量を最もよく近似する1次関数 L は
$L : \mathbb{R} \to \mathbb{R}$, $L(x) = f'(a)x = 3x$, また, 誤差は

$$|f(a+h) - f(a) - L(h)| = |f(a+h) - f(a) - 3h|$$
$$= |3(a+h) + 1 - (3a+1) - 3h| = 0$$

(2) a における f の変化量を最もよく近似する1次関数 L は
$L : \mathbb{R} \to \mathbb{R}$, $L(x) = f'(a)x = (4a+5)x$, また, 誤差は

$$|f(a+h) - f(a) - L(h)| = |f(a+h) - f(a) - (4a+5)h|$$
$$= |2(a+h)^2 + 5(a+h) + 2 - (2a^2 + 5a + 2) - (4a+5)h| = 2h^2$$

(3) a における f の変化量を最もよく近似する1次関数 L は
$L : \mathbb{R} \to \mathbb{R}$, $L(x) = f'(a)x = (3a^2 - 3)x$, また, 誤差は

$$|f(a+h) - f(a) - L(h)| = |f(a+h) - f(a) - (3a^2 - 3)h|$$
$$= |(a+h)^3 - 3(a+h) + 1 - (a^3 - 3a + 1) - (3a^2 - 3)h| = |3ah^2 + h^3|$$

(4) a における f の変化量を最もよく近似する1次関数 L は
$L : \mathbb{R} \to \mathbb{R}$, $L(x) = f'(a)x = \dfrac{-1}{a^2}x$, また, 誤差は

$$|f(a+h) - f(a) - L(h)| = \left|f(a+h) - f(a) - \dfrac{-1}{a^2}h\right|$$
$$= \left|\dfrac{1}{a+h} - \dfrac{1}{a} - \dfrac{-1}{a^2}h\right| = \dfrac{h^2}{a^2|a+h|}$$

章末問題

7.1 $\varepsilon > 0$ を任意にとる. $\lim_{x \to b} g(x) = c$ より, ある $\gamma > 0$ があって, $|x - b| < \gamma$ ならば, $|g(x) - c| < \varepsilon$ となる. また, 上の γ に対して, $\lim_{x \to a} f(x) = b$ であるから, ある $\delta > 0$ があって, $|x - a| < \delta$ ならば, $|f(x) - b| < \gamma$ となる. したがって, $|x - a| < \delta$ ならば $|f(x) - b| < \gamma$ であり, $|f(x) - b| < \gamma$ ならば $|g(f(x)) - c| < \varepsilon$ である.

7.2 (3) $(fg)'(x) = \lim_{h \to 0} \dfrac{(fg)(x+h) - (fg)(x)}{h} = \lim_{h \to 0} \dfrac{f(x+h)g(x+h) - f(x)g(x)}{h}$

$$= \lim_{h \to 0} \left(\frac{(f(x+h) - f(x))}{h} g(x+h) + f(x) \frac{(g(x+h) - g(x))}{h} \right)$$

ここで, f, g は微分可能であるから,

$\lim_{h \to 0} \frac{f(x+h) - f(x)}{h} = f'(x)$, $\lim_{h \to 0} \frac{g(x+h) - g(x)}{h} = g'(x)$, $\lim_{h \to 0} g(x+h) = g(x)$

したがって, $(fg)'(x) = f'(x)g(x) + f(x)g'(x)$.

(5) $f(x+h) - f(x) = k(h)$ とおく. h が 0 に近づくとき $k(h)$ は 0 に近づく. また,
$\lim_{h \to 0} \frac{k(h)}{h} = f'(x)$.

(i) $f'(x) \neq 0$ のとき. $f'(x) \neq 0$ より h が十分小さければ $k(h) \neq 0$. よって,

$$(g \circ f)'(x) = \lim_{h \to 0} \frac{(g \circ f)(x+h) - (g \circ f)(x)}{h} = \lim_{h \to 0} \frac{(g(f(x+h)) - g(f(x))}{h}$$

$$= \lim_{h \to 0} \frac{(g(f(x) + k(h)) - g(f(x))}{k(h)} \frac{k(h)}{h} = g'(f(x)) f'(x)$$

(ii) $f'(x) = 0$ のとき. $k(h) = 0$ のとき, $\frac{(g \circ f)(x+h) - (g \circ f)(x)}{h} = 0$

$k(h) \neq 0$ のとき, $\frac{(g \circ f)(x+h) - (g \circ f)(x)}{h} = \frac{(g(f(x) + k(h)) - g(f(x))}{k(h)} \frac{k(h)}{h}$ は,

$\lim_{k \to 0} \frac{(g((x+k) - g(f(x))}{k}$ があることと, $\lim_{h \to 0} \frac{k(h)}{h} = 0$ より, h が 0 に近づくとき, 0 に近づく.

したがって (i), (ii) より, $(fg)'(x) = 0 = g'(f(x)) f'(x)$.

7.3 $F(x) = f(x) - \frac{f(b) - f(a)}{b - a}(x - a)$ とおく.

$F(x)$ は微分可能, よって連続である. また, $F(a) = f(a) - \frac{f(b) - f(a)}{b - a}(a - a) = f(a)$,

$F(b) = f(b) - \frac{f(b) - f(a)}{b - a}(b - a) = f(a)$ であるから最大値の原理より $[a, b]$ 内で最大値と最小値をもつ.

(i) F の最大値と最小値をとる値が $\{a, b\}$ に属すとき.

$F(a) = F(b)$ より, F は定数関数である.

(ii) F の最大値か最小値をとる値が $]a, b[$ に属すとき.

その値における F の微分係数は 0 である.

したがって, いずれの場合も, ある $c \in]a, b[$ が存在して, $F'(c) = f'(c) - \frac{f(b) - f(a)}{b - a} = 0$,

つまり, $f'(c) = \frac{f(b) - f(a)}{b - a}$ となる.

● 第 8 章

8.1.5 (1) $\frac{|f(1+h, 2+k) - f(1,2) - (2h+8k)|}{\sqrt{h^2+k^2}} = \frac{|h^2 + 2k^2|}{\sqrt{h^2+k^2}} = \sqrt{h^2+k^2} + \frac{k^2}{\sqrt{h^2+k^2}}$

$$= \begin{cases} |h| & (k=0 \text{ の場合}) \\ \sqrt{h^2+k^2} + \dfrac{|k|}{\sqrt{1+(h/k)^2}} & (k \neq 0 \text{ の場合}) \end{cases}$$

したがって, $\displaystyle\lim_{h,k \to 0} \dfrac{|f(1+h,2+k)-f(1,2)-(2h+8k)|}{\sqrt{h^2+k^2}} = 0$.

(2) $\dfrac{|f(1+h,1+k)-f(1,1)-(h+2k)|}{\sqrt{h^2+k^2}} = \dfrac{|k^2+2hk+hk^2|}{\sqrt{h^2+k^2}}$

$$= \begin{cases} 0 & (k=0 \text{ の場合}) \\ \dfrac{|k+2h+hk|}{\sqrt{1+(h/k)^2}} & (k \neq 0 \text{ の場合}) \end{cases}$$

したがって, $\displaystyle\lim_{h,k \to 0} \dfrac{|f(1+h,1+k)-f(1,1)-(h+2k)|}{\sqrt{h^2+k^2}} = 0$.

(3) $\dfrac{|f(a+h,b+k)-f(a,b)-(2ah-2bk)|}{\sqrt{h^2+k^2}} = \dfrac{|h^2-k^2|}{\sqrt{h^2+k^2}} = \sqrt{h^2+k^2} - 2\dfrac{k^2}{\sqrt{h^2+k^2}}$

$$= \begin{cases} |h| & (k=0 \text{ の場合}) \\ \sqrt{h^2+k^2} - 2\dfrac{|k|}{\sqrt{1+(h/k)^2}} & (k \neq 0 \text{ の場合}) \end{cases}$$

したがって, $\displaystyle\lim_{h,k \to 0} \dfrac{|f(1+h,2+k)-f(1,2)-(2h+8k)|}{\sqrt{h^2+k^2}} = 0$.

8.2.5 まず, (5) を行う.

$Df_{(v_1,v_2)}(a_1,a_2) = \displaystyle\lim_{t \to 0} \dfrac{f(a_1+tv_1,a_2+tv_2)-f(a_1,a_2)}{t}$
$= \displaystyle\lim_{t \to 0} \dfrac{(a_1+tv_1)+2(a_1+tv_1)(a_2+tv_2)-(a_1+2a_1a_2)}{t}$
$= \displaystyle\lim_{t \to 0}((1+a_2)v_1+2a_1v_2+2v_1v_2t) = (1+2a_2)v_1+2a_1v_2$

(1) $Df_{(1,-1)}(2,1)=3$, (2) $Df_{(1,1)}(2,1)=7$, (3) $Df_1(2,1)=5$, (4) $Df_2(2,1)=2$.

8.2.6 まず, (5) を行う.

$Df_{(v_1,v_2)}(a_1,a_2) = \displaystyle\lim_{t \to 0} \dfrac{f(a_1+tv_1,a_2+tv_2)-f(a_1,a_2)}{t}$
$= \displaystyle\lim_{t \to 0} \dfrac{(a_1+tv_1)^3-(a_2+tv_2)^3-(a_1^3-a_2^3)}{t}$
$= \displaystyle\lim_{t \to 0}(3a_1^2v_1+3a_1tv_1^2+t^3v_1^3-3a_2^2v_2-3a_2tv_2^2+t^3v_2^3) = 3a_1^2v_1-3a_2^2v_2$

(1) $Df_{(1,-1)}(2,1)=15$, (2) $Df_{(1,1)}(2,1)=9$, (3) $Df_1(2,1)=12$, (4) $Df_2(2,1)=-3$.

8.2.9 まず (2) を行う.

$Df_1(a,b) = \displaystyle\lim_{h \to 0} \dfrac{f(a+h,b)-f(a,b)}{h}$
$= \displaystyle\lim_{h \to 0} \dfrac{(a+h)+b+(a+h)b-(a+b+ab)}{h} = \displaystyle\lim_{h \to 0}(1+b) = 1+b$

$Df_2(a,b) = \lim_{k\to 0} \dfrac{f(a,b+k)-f(a,b)}{k} = \lim_{k\to 0} \dfrac{a+(b+k)+a(b+k)-(a+b+ab)}{k}$
$= \lim_{k\to 0}(1+a) = 1+a$
$Df(a,b):\mathbb{R}^2 \to \mathbb{R},\ Df(a,b)(v_1,v_2) = D_1 f(a,b)v_1 + D_2 f(a,b)v_2$
$= (1+b)v_1 + (1+a)v_2$
(1) $Df(0,0):\mathbb{R}^2 \to \mathbb{R},\ Df(0,0)(v_1,v_2) = v_1+v_2$

8.2.10 まず (2) を行う．
$Df_1(a,b) = \lim_{h\to 0} \dfrac{f(a+h,b)-f(a,b)}{h}$
$= \lim_{h\to 0} \dfrac{(a+h)^2 b^2 - a^2 b^2}{h} = \lim_{h\to 0}(2ab^2 + b^2 h) = 2ab^2$
$Df_2(a,b) = \lim_{k\to 0} \dfrac{f(a,b+k)-f(a,b)}{k} = \lim_{k\to 0} \dfrac{a^2(b+k)^2 - a^2 b^2}{k}$
$= \lim_{k\to 0}(2a^2 b + a^2 k) = 2a^2 b$
$Df(a,b):\mathbb{R}^2 \to \mathbb{R},\ Df(a,b)(v_1,v_2) = D_1 f(a,b)v_1 + D_2 f(a,b)v_2$
$= 2ab^2 v_1 + 2a^2 b v_2$
(1) $Df(1,2):\mathbb{R}^2 \to \mathbb{R},\ Df(1,2)(v_1,v_2) = 8v_1 + 4v_2$．

章末問題

8.1 $\boldsymbol{v} = \boldsymbol{0}$ のときは明らかである．$\boldsymbol{v} \neq \boldsymbol{0}$ とする．
f は微分可能であるから
$$\lim_{\boldsymbol{h}\to 0} \dfrac{|f(\boldsymbol{a}+\boldsymbol{h}) - f(\boldsymbol{a}) - Df(\boldsymbol{a})(\boldsymbol{h})|}{|\boldsymbol{h}|} = 0$$
よって，$\boldsymbol{h} = t\boldsymbol{v}$ として，
$$\lim_{t\to 0} \dfrac{|f(\boldsymbol{a}+t\boldsymbol{v}) - f(\boldsymbol{a}) - Df(\boldsymbol{a})(t\boldsymbol{v})|}{|t\boldsymbol{v}|} = \lim_{t\to 0} \dfrac{|f(\boldsymbol{a}+t\boldsymbol{v}) - f(\boldsymbol{a}) - tDf(\boldsymbol{a})(\boldsymbol{v})|}{|t||\boldsymbol{v}|}$$
$$= \dfrac{1}{|\boldsymbol{v}|} \lim_{t\to 0} \left|\dfrac{f(\boldsymbol{a}+t\boldsymbol{v}) - f(\boldsymbol{a})}{t} - Df(\boldsymbol{a})(\boldsymbol{v})\right| = 0$$
したがって，$Df_{\boldsymbol{v}}(\boldsymbol{a}) = \lim_{t\to 0} \dfrac{f(\boldsymbol{a}+t\boldsymbol{v}) - f(\boldsymbol{a})}{t} = Df(\boldsymbol{a})(\boldsymbol{v})$．
また，$\boldsymbol{v} = (v_1, v_2, \cdots, v_n)$ とすると，$Df(\boldsymbol{a})(\boldsymbol{v}) = Df(\boldsymbol{a})(v_1 \boldsymbol{e}_1 + v_2 \boldsymbol{e}_2 + \cdots + v_n \boldsymbol{e}_n) = Df(\boldsymbol{a})(\boldsymbol{e}_1)v_1 + Df(\boldsymbol{a})(\boldsymbol{e}_2)v_2 + \cdots + Df(\boldsymbol{a})(\boldsymbol{e}_n)v_n = Df_1(\boldsymbol{a})v_1 + Df_2(\boldsymbol{a})v_2 + \cdots + Df_n(\boldsymbol{a})v_n$．

8.2 $g_1(x+h) - g_1(x) = k_1(h),\ g_2(x+h) - g_2(x) = k_2(h)$ とおく．
(i) $k_1(h)^2 + k_2(h)^2 = 0$ のとき．
$\dfrac{f(g_1(x+h), g_2(x+h)) - f(g_1(x), g_2(x))}{h} - Df(g_1(x), g_2(x))\left(\dfrac{k_1(h)}{h}, \dfrac{k_2(h)}{h}\right) = 0 - 0 = 0$

(ii) $k_1(h)^2 + k_2(h)^2 \neq 0$ のとき.
$$\frac{|f(g_1(x)+k_1(h), g_2(x)+k_2(h)) - f(g_1(x), g_2(x)) - Df(g_1(x), g_2(x))(k_1(h), k_2(h))|}{\sqrt{k_1(h)^2 + k_2(h)^2}}$$
$$= \frac{1}{\sqrt{(k_1(h)/h)^2 + (k_2(h)/h)^2}} \left| \frac{f(g_1(x+h), g_2(x+h)) - f(g_1(x), g_2(x))}{h} \right.$$
$$\left. - Df(g_1(x), g_2(x)) \left(\frac{k_1(h)}{h}, \frac{k_2(h)}{h} \right) \right|$$

h が 0 に近づくとき $k_1(h), k_2(h)$ は 0 に近づき, f は微分可能だから, 上の式の値は 0 に近づく. また, g_1, g_2 は微分可能より $\lim_{h\to 0} \frac{k_1(h)}{h} = g_1'(x)$, $\lim_{h\to 0} \frac{k_2(h)}{h} = g_2'(x)$. よって,
$$\left| \frac{f(g_1(x+h), g_2(x+h)) - f(g_1(x), g_2(x))}{h} - Df(g_1(x), g_2(x)) \left(\frac{k_1(h)}{h}, \frac{k_2(h)}{h} \right) \right|$$
の値は h が 0 に近づくとき 0 に近づく.

したがって, (i), (ii) より,
$$h'(x) = \lim_{h\to 0} \frac{f(g_1(x+h), g_2(x+h)) - f(g_1(x), g_2(x))}{h}$$
$$= \lim_{h\to 0} Df(g_1(x), g_2(x)) \left(\frac{k_1(h)}{h}, \frac{k_2(h)}{h} \right) = Df(g_1(x), g_2(x))(g_2'(x), g_2'(x))$$

● 第 9 章

9.1.5 (1) f は閉区間 $[0,1]$ で連続であるから, 定理より f は $[0,1]$ で積分可能である. $[0,1]$ の分割として $0, \frac{1}{n}, \frac{2}{n}, \cdots, \frac{n-1}{n}, 1$ をとる. n を大きくしていくと, この分割の幅は 0 に近づいていく. 区間 $\left[\frac{k-1}{n}, \frac{k}{n}\right]$ 内の数として $\frac{k}{n}$ をとる.
$$\sum_{k=1}^{n} \left(\frac{k}{n} - \frac{k-1}{n} \right) f\left(\frac{k}{n}\right) = \sum_{k=1}^{n} \frac{1}{n} \times 5 = \frac{5}{n} \sum_{k=1}^{n} 1 = \frac{5}{n} n = 5$$
したがって, $\int_0^1 f(x) dx = \int_0^1 5 dx = 5$.

(2) f は閉区間 $[-1,1]$ で連続であるから, 定理より f は $[-1,1]$ で積分可能である. $[-1,1]$ の分割として $-1, -\frac{n-1}{n}, \cdots, 0, \frac{1}{n}, \frac{2}{n}, \cdots, \frac{n-1}{n}, 1$ をとる. n を大きくしていくと, この分割の幅は 0 に近づいていく. 区間 $\left[\frac{k-1}{n}, \frac{k}{n}\right]$ 内の数として $\frac{k}{n}$ をとる.
$$\sum_{k=1}^{2n} \left(\frac{k-n}{n} - \frac{k-n-1}{n} \right) f\left(\frac{k-n}{n}\right) = \sum_{k=1}^{2n} \frac{1}{n} \left(3 - \left(\frac{k-n}{n}\right) \right)$$
$$= \frac{1}{n} \sum_{k=1}^{2n} 4 - \frac{1}{n^2} \sum_{k=1}^{2n} k = \frac{1}{n} 8n - \frac{1}{n^2} \frac{2n(2n+1)}{2} = 8 - \left(2 + \frac{1}{n}\right) = 6 - \frac{1}{n}$$

ここで, n を大きくしていくとこの数は 6 に近づいていく. したがって,
$$\int_{-1}^{1} f(x)dx = \int_{-1}^{1}(3-x)dx = 6$$

(3) f は閉区間 $[1,2]$ で連続であるから, 定理より f は $[1,2]$ で積分可能である. $[1,2]$ の分割として $1, 1+\dfrac{1}{n}, 1+\dfrac{2}{n}, \cdots, 1+\dfrac{n-1}{n}, 2$ をとる. n を大きくしてしていくと, この分割の幅は 0 に近づいていく. 区間 $\left[\dfrac{k-1}{n}, \dfrac{k}{n}\right]$ 内の数として $\dfrac{k}{n}$ をとる.

$$\sum_{k=1}^{n}\left(1+\frac{k}{n}-\left(1+\frac{k-1}{n}\right)\right)f\left(1+\frac{k}{n}\right) = \sum_{k=1}^{n}\frac{1}{n}\frac{k}{n}\left(\frac{k}{n}-1\right) = \frac{1}{n^3}\sum_{k=1}^{n}k^2 - \frac{1}{n^2}\sum_{k=1}^{n}k$$
$$= \frac{1}{n^3}\frac{n(n+1)(2n+1)}{6} - \frac{1}{n^2}\frac{n(n+1)}{2} = \frac{1}{6}\left(1+\frac{1}{n}\right)\left(2+\frac{1}{n}\right) - \frac{1}{2}\left(1+\frac{1}{n}\right)$$

ここで, n を大きくしていくとこの数は $\dfrac{1}{6} \times 1 \times 2 - \dfrac{1}{2} \times 1 = -\dfrac{1}{6}$ に近づいていく. したがって, $\displaystyle\int_{1}^{2}f(x)dx = \int_{1}^{2}(x-1)(x-2)dx = -\dfrac{1}{6}$.

9.2.4 f の原始関数は以下のとおり.

(1) $F: \mathbb{R} \to \mathbb{R}, \ F(x) = \dfrac{3x^2}{2} + x + c$ (c は任意の実数)

(2) $F: \mathbb{R} \to \mathbb{R}, \ F(x) = \dfrac{x^3}{3} - \dfrac{3x^2}{2} + x + c$ (c は任意の実数)

(3) $F: \mathbb{R} \to \mathbb{R}, \ F(x) = \dfrac{x^3}{3} + \dfrac{3x^2}{2} + 2x + c$ (c は任意の実数)

(4) $F: \mathbb{R} \to \mathbb{R}, \ F(x) = -\dfrac{1}{x} + c$ (c は任意の実数)

9.3.3 (1) f の原始関数は $F: \mathbb{R} \to \mathbb{R}, \ F(x) = x + x^2$ より,
$$\int_{2}^{3}(1+2x)dx = F(3) - F(2) = 6$$

(2) f の原始関数は $F: \mathbb{R} \to \mathbb{R}, \ F(x) = x - \dfrac{x^3}{3}$ より,
$$\int_{-1}^{1}(1-x^2)dx = F(1) - F(-1) = \frac{4}{3}$$

(3) f の原始関数は $F: \mathbb{R} \to \mathbb{R}, \ F(x) = \dfrac{x^4}{4} + \dfrac{x^3}{3} + \dfrac{x^2}{2} + x$ より,
$$\int_{0}^{3}(x^3+x^2+x+1)dx = F(3) - F(0) = \frac{441}{12}$$

(4) f の原始関数は $F: \mathbb{R} \to \mathbb{R}, \ F(x) = -\dfrac{1}{x}$ より,

$$\int_2^3 \frac{1}{x^2}dx = F(3) - F(2) = \frac{1}{6}$$

章末問題

9.1 閉区間 $[a,b]$ の分割を $x_0, x_1, \cdots, x_{n-1}, x_n \in \mathbb{R}$ とし，$c_k \in [x_{k-1}, x_k]$ とすると，
$$(b-a)m = \sum_{k=1}^n (x_k - x_{k-1})m \le \sum_{k=1}^n (x_k - x_{k-1})f(c_k) \le \sum_{k=1}^n (x_k - x_{k-1})M = (b-a)M$$
である．もし定理 9.1.3 (3) の不等式が成立しなければ，十分分割の幅が 0 に近い分割に対し上の不等式が成立しなくなる．

9.2 $G = F_1 - F_2$ とおく．$G'(x) = F_1'(x) - F_2'(x) = f(x) - f(x) = 0$ である．G に $[0, x]$ で平均値の定理を適用すると，ある $c \in]0, x[$ が存在して，$0 = G'(c) = \dfrac{G(x) - G(0)}{x - 0}$．よって $G(x) = G(0)$．

9.3 (1) $(fG)'(x) = f'(x)G(x) + f(x)G'(x) = f'(x)G(x) + f(x)g(x)$
$= f'(x)G(x) + (fg)(x)$ であるから，
$$\int_a^b f(x)g(x)dx = \int_a^b (fg)(x)dx$$
$$= \int_a^b (fG)'(x)dx - \int_a^b f'(x)G(x)dx = (fG)(b) - (fG)(a) - \int_a^b f'(x)G(x)dx$$
$$= f(b)G(b) - f(a)G(a) - \int_a^b f'(x)G(x)dx$$

(2) f の原始関数を $F : \mathbb{R} \to \mathbb{R}$ とすると，$(F \circ g)'(x) = F'(g(x))g'(x) = f(g(x))g'(x)$ より，
$$\int_a^b f(g(x))g'(x)dx = \int_a^b (F \circ g)'(x)dx$$
$$= (F \circ g)(b) - (F \circ g)(a) = F(g(b)) - F(g(a)) = \int_{g(a)}^{g(b)} f(x)dx$$

参 考 文 献

　本書を書くにあたって参考にした本，および本書で省いた内容について参照できる本を以下に挙げておく．

[1]　沢田　賢ほか：社会科学の数学——線形代数と微積分，朝倉書店，2002
[2]　三宅敏恒：入門線形代数，培風館，1991
[3]　H. アントン (山下純一訳)：やさしい線型代数，現代数学社，1979
[4]　飯高　茂：線形代数——基礎と応用，朝倉書店，2001
[5]　志賀浩二：微分・積分30講，朝倉書店，1988
[6]　入江昭二ほか：微分積分 (上, 下)，内田老鶴圃，1985

索　引

■ア行
(i,j) 成分　1
値　37

E_n　2
1 次関数　38
1 次結合　47
1 次従属　49
1 次独立　49
ε-δ 論法　79
$\operatorname{im}(T)$　67

n 次正方行列　2
n 変数関数　92
$m \times n$ 型行列　1
m 行 n 列の行列　1

■カ行
解空間　47
開区間　33
核　67
拡大係数行列　15
合併集合　33
$\ker(T)$　67
関数　37
　——の演算　40
　——の極限　79
　——の極小　87
　——の極大　87
　——のグラフ　42
　——の減少　87
　——の商　41

　——の積　41
　——の増加　87
　——の連続性　81
　——の和　41
簡約化する　21
簡約行列　21
簡約な行列　19

基底　55
　——の変換行列　70
基本ベクトル　49
逆関数　42
逆行列　29
逆写像　41
共通集合　33
行の主成分　19
行ベクトル　9
行列　1
　——によって定義される線形写像　64
　——の階数　21
　——の基本変形　17
　——の実数倍　4
　——の主成分　18
　——の積　5
　——の分割　10
　——の和　4
極小値　88
極大値　88
極値　88
近似　89
　——の誤差　89

空集合　33
クロネッカーのデルタ　3

係数行列　15
原始関数　100

合成関数　41
合成写像　41
恒等関数　38
恒等写像　70
固有空間　73
固有値　73
固有ベクトル　73

■サ行
最大値の原理　91
差集合　33
座標平面　42

式の基本変形　16
次元　55
指数関数　81
自然数　33
自然対数関数　81
自然対数の底　79
実数　33
実数倍　40
自明な解　49
写像　37
　　――の合成　41
集合　33
　　――の要素の個数　35
　　等しい――　33
　　含まれる――　33

整数　33
正則行列　29
積分可能　98
積分区間　98
零行列　2
零ベクトル　10
零(ベクトル)空間　45

線形写像　64
線形性　38
線形変換　72

像　67

■タ行
対角化　75
対角化可能　75
対角成分　2
対数関数　81
多項式関数　38
　　多変数の――　38
多変数関数　92
単位行列　2

値域　37
直積集合　34

定義域　37
定数関数　37
定数項ベクトル　15
定積分　98
$\dim(\mathbb{V})$　55

導関数　84
特性関数　35

■ナ行
2次関数　38

■ハ行
掃き出し法　17, 18

微積分学の基本定理　101
左半開区間　33
微分　92
微分可能　84, 92
微分係数　84
表現行列　69, 73
標準基底　55

索　引

複素数　33
不定積分　100
部分空間　45
　　生成される——　55
　　張られる——　55
部分集合　33
分割　98
　　——の幅　98

平均値の定理　91
平均変化率　83
閉区間　33
ベクトル　44
　　——の最大独立個数　53
ベクトル空間　45
変化量　89
偏微分　94

方向微分　94
方向微分可能　94
放物線　42

■マ行
右半開区間　33

最もよく近似する1次関数　89

■ヤ行
有理数　33

要素　33

■ラ行
rank(A)　22

零行列　2
零ベクトル　10
零(ベクトル)空間　45
列ベクトル　10
連続性　81
連立1次方程式　14
　　——の解の個数　27
　　——の解法　25
　　——の基本変形　16

著者略歴

沢田　賢（さわだ・けん）

1953 年　東京都に生まれる
1981 年　早稲田大学大学院理工学研究科博士課程修了
現　在　早稲田大学商学部助教授
　　　　理学博士

渡邊展也（わたなべ・のぶや）

1959 年　岩手県に生まれる
1984 年　早稲田大学大学院理工学研究科修士課程修了
現　在　早稲田大学商学部助教授
　　　　理学博士

安原　晃（やすはら・あきら）

1966 年　徳島県に生まれる
1991 年　早稲田大学大学院理工学研究科修士課程修了
現　在　東京学芸大学教育学部助教授
　　　　理学博士

シリーズ［数学の世界］4
社会科学の数学演習 ──線形代数と微積分──　　定価はカバーに表示
2003 年 3 月 20 日　初版第 1 刷

　　　　　　　　　　　　　著　者　沢　田　　　賢
　　　　　　　　　　　　　　　　　渡　邊　展　也
　　　　　　　　　　　　　　　　　安　原　　　晃
　　　　　　　　　　　　　発行者　朝　倉　邦　造
　　　　　　　　　　　　　発行所　株式会社　朝　倉　書　店
　　　　　　　　　　　　　　　　東京都新宿区新小川町6-29
　　　　　　　　　　　　　　　　郵便番号　162-8707
　　　　　　　　　　　　　　　　電　話　03(3260)0141
　　　　　　　　　　　　　　　　Ｆ Ａ Ｘ　03(3260)0180
〈検印省略〉　　　　　　　　　　　http://www.asakura.co.jp

Ⓒ2003〈無断複写・転載を禁ず〉　　　　　　　東京書籍印刷・渡辺製本
ISBN 4-254-11564-4　C 3341　　　　　　　　　　　Printed in Japan

理科大 戸川美郎著
シリーズ〈数学の世界〉1
ゼロからわかる数学
―数論とその応用―
11561-X C3341　　A5判 144頁 本体2500円

0, 1, 2, 3, …と四則演算だけを予備知識として数学における感性を会得させる数学入門書。集合・写像などは丁寧に説明して使える道具としてしまう。最終目的地はインターネット向きの暗号方式として最もエレガントなRSA公開鍵暗号

中大 山本 慎著
シリーズ〈数学の世界〉2
情　報　の　数　理
11562-8 C3341　　A5判 168頁 本体2800円

コンピュータ内部での数の扱い方から始めて、最大公約数や素数の見つけ方、方程式の解き方、さらに名前のデータの並べ替えや文字列の探索まで、コンピュータで問題を解く手順「アルゴリズム」を中心に情報処理の仕組みを解き明かす

早大 沢田 賢・早大 渡邊展也・学芸大 安原 晃著
シリーズ〈数学の世界〉3
社　会　科　学　の　数　学
―線形代数と微積分―
11563-6 C3341　　A5判 152頁 本体2500円

社会科学系の学部では数学を履修する時間が不十分であり、学生も高校であまり数学を学習していない。このことを十分考慮して、数学における文字の使い方などから始めて、線形代数と微積分の基礎概念が納得できるように工夫をこらした

早大 鈴木晋一著
シリーズ〈数学の世界〉6
幾　何　の　世　界
11566-0 C3341　　A5判 152頁 本体2500円

ユークリッドの平面幾何を中心にして、図形を数学的に扱う楽しさを読者に伝える。多数の図と例題、練習問題を添え、談話室で興味深い話題を提供する。〔内容〕幾何学の歴史／基礎的な事項／3角形／円周と円盤／比例と相似／多辺形と円周

数学オリンピック財団 野口 廣著
シリーズ〈数学の世界〉7
数学オリンピック教室
11567-9 C3341　　A5判 140頁 本体2500円

数学オリンピックに挑戦しようと思う読者は、第一歩として何をどう学んだらよいのか。挑戦者に必要な数学を丁寧に解説しながら、問題を解くアイデアと道筋を具体的に示す。〔内容〕集合と写像／代数／数論／組み合せ論とグラフ／幾何

前東工大 志賀浩二著
はじめからの数学1
数　に　つ　い　て
11531-8 C3341　　B5判 152頁 本体3500円

数学をもう一度初めから学ぶとき"数"の理解が一番重要である。本書は自然数、整数、分数、小数さらには実数までを述べ、楽しく読み進むうちに十分深い理解が得られるように配慮した数学再生の一歩となる話題の書。【各巻本文二色刷】

前東工大 志賀浩二著
はじめからの数学2
式　に　つ　い　て
11532-6 C3341　　B5判 200頁 本体3500円

点を示す等式から、範囲を示す不等式へ、そして関数の世界へ導く「式」の世界を展開。〔内容〕文字と式／二項定理／数学的帰納法／恒等式と方程式／2次方程式／多項式／連立方程式／不等式／数列と級数／式の世界から関数の世界へ

前東工大 志賀浩二著
はじめからの数学3
関　数　に　つ　い　て
11533-4 C3341　　B5判 192頁 本体3600円

'動き'を表すためには、関数が必要となった。関数の導入から、さまざまな関数の意味とつながりを解説。〔内容〕式と関数／グラフと関数／実数、変数、関数／連続関数／指数関数、対数関数／微分の考え／微分の計算／積分の考え／積分と微分

群馬大 瀬山士郎著
基　礎　の　数　学
―線形代数と微積分―
11072-3 C3041　　A5判 144頁 本体2600円

練達な著者による、高校の少し先の微分積分と線形代数(数学Ⅳ、数学D)を解説した教科書。〔内容〕行列とその計算／行列式とその計算／連立方程式と行列／行列と固有値／初等関数とテーラー展開／2変数関数／偏導関数と極値問題／重積分

湘南国際女短大 斎藤正彦著
はじめての微積分（上）
11093-6 C3041　　A5判 168頁 本体2500円

問題解答完備〔内容〕微分係数・導関数・原始関数／導関数・原始関数の計算／三角関数／逆三角関数／指数関数と対数関数／定積分の応用／諸定理／極大極小と最大最小／高階導関数／テイラーの定理と多項式近似／関数の極限・テイラー展開

前東工大 志賀浩二著 数学30講シリーズ1 **微分・積分 30 講** 11476-1 C3341　A5判 208頁 本体3200円	〔内容〕数直線／関数とグラフ／有理関数と簡単な無理関数の微分／三角関数／指数関数／対数関数／合成関数の微分と逆関数の微分／不定積分／定積分／円の面積と球の体積／極限について／平均値の定理／テイラー展開／ウォリスの公式／他
前東工大 志賀浩二著 数学30講シリーズ2 **線 形 代 数 30 講** 11477-X C3341　A5判 216頁 本体3200円	〔内容〕ツル・カメ算と連立方程式／方程式，関数，写像／2次元の数ベクトル空間／線形写像と行列／ベクトル空間／基底と次元／正則行列と基底変換／正則行列と基本行列／行列式の性質／基底変換から固有値問題へ／固有値と固有ベクトル／他
前東工大 志賀浩二著 数学30講シリーズ3 **集 合 へ の 30 講** 11478-8 C3341　A5判 196頁 本体3200円	〔内容〕身近なところにある集合／集合に関する基本概念／可算集合／実数の集合／写像／濃度／連続体の濃度をもつ集合／順序集合／整列集合／順序数／比較可能定理，整列可能定理／選択公理のヴァリエーション／連続体仮説／カントル／他
前東工大 志賀浩二著 数学30講シリーズ4 **位 相 へ の 30 講** 11479-6 C3341　A5判 228頁 本体3200円	〔内容〕遠さ，近さと数直線／集積点／連続性／距離空間／点列の収束，開集合，閉集合／近傍と閉包／連続写像／同相写像／連結空間／ベールの性質／完備化／位相空間／コンパクト空間／分離公理／ウリゾーン定理／位相空間から距離空間／他
前東工大 志賀浩二著 数学30講シリーズ5 **解 析 入 門 30 講** 11480-X C3341　A5判 260頁 本体3200円	〔内容〕数直線の生い立ち／実数の連続性／関数の極限値／微分と導関数／テイラー展開／ベキ級数／不定積分から微分方程式へ／線形微分方程式／面積／定積分／指数関数再考／2変数関数の微分可能性／逆写像定理／2変数関数の積分／他
前東工大 志賀浩二著 数学30講シリーズ6 **複 素 数 30 講** 11481-8 C3341　A5判 232頁 本体3200円	〔内容〕負数と虚数の誕生まで／向きを変えることと回転／複素数の定義／複素数と図形／リーマン球面／複素関数の微分／正則関数と等角性／ベキ級数と正則関数／複素積分と正則性／コーシーの積分定理／一致の定理／孤立特異点／留数／他
前東工大 志賀浩二著 数学30講シリーズ7 **ベクトル解析 30 講** 11482-6 C3341　A5判 244頁 本体3200円	〔内容〕ベクトルとは／ベクトル空間／双対ベクトル空間／双線形関数／テンソル代数／外積代数の構造／計量をもつベクトル空間／基底の変換／グリーンの公式と微分形式／外微分の不変性／ガウスの定理／ストークスの定理／リーマン計量／他
前東工大 志賀浩二著 数学30講シリーズ8 **群 論 へ の 30 講** 11483-4 C3341　A5判 244頁 本体3200円	〔内容〕シンメトリーと群／群の定義／群に関する基本的な概念／対称群と交代群／正多面体群／部分群による類別／巡回群／整数と群／群と変換／軌道／正規部分群／アーベル群／自由群／有限的に表示される群／位相群／不変測度／群環／他
前東工大 志賀浩二著 数学30講シリーズ9 **ル ベ ー グ 積 分 30 講** 11484-2 C3341　A5判 256頁 本体3200円	〔内容〕広がっていく極限／数直線上の長さ／ふつうの面積概念／ルベーグ測度／可測集合／カラテオドリの構想／測度空間／リーマン積分／ルベーグ積分へ向けて／可測関数の積分／可積分関数の作る空間／ヴィタリの被覆定理／フビニ定理／他
前東工大 志賀浩二著 数学30講シリーズ10 **固 有 値 問 題 30 講** 11485-0 C3341　A5判 260頁 本体3200円	〔内容〕平面上の線形写像／隠されているベクトルを求めて／線形写像と行列／固有空間／正規直交基底／エルミート作用素／積分方程式／フレードホルムの理論／ヒルベルト空間／閉部分空間／完全連続な作用素／スペクトル／非有界作用素／他

上記価格（税別）は 2003 年 2 月現在

すうがくぶっくす

《編集》森 毅・斎藤正彦・野崎昭弘

1巻 自然科学の基礎としての 微積分* 加古 孝 著
2巻 線型代数 増補版† 草場公邦 著
3巻 加群十話 —代数学入門—* 堀田良之 著
4巻 微分方程式♯ 辻岡邦夫 著
5巻 トポロジー† —ループと折れ線の幾何学— 瀬山士郎 著
6巻 ベクトル解析† —場の量の解析— 丹羽敏雄 著
7巻 ガロワと方程式† 草場公邦 著
8巻 確率・統計† 篠原昌彦 著
9巻 超準的手法にもとづく 確率解析入門* 釜江哲朗 著
10巻 複素関数 三幕劇† 難波 誠 著
11巻 曲面と結び目のトポロジー† —基本群とホモロジー群— 小林一章 著
12巻 線形計算♯ 名取 亮 著
13巻 代数の世界* 渡辺敬一・草場公邦 著
14巻 数え上げ数学* 日比孝之 著
15巻 微分積分読本* 岡本和夫 著
16巻 新しい論理序説 本橋信義 著
17巻 フーリエ解析の展望† 岡本清郷 著
18巻 確率微分方程式* —入門前夜— 保江邦夫 著
19巻 数値確率解析入門* 保江邦夫 著
20巻 線形代数と群の表現 I* 平井 武 著
21巻 線形代数と群の表現 II* 平井 武 著

(♯—計算技術, *—基本理念, †—理念・イメージを軸に執筆)